JN205912

マルチメディアシステム概論

—基礎技術から実用システム，VR・XR まで—

大賀　寿郎　共著
鈴木　陽一

コロナ社

まえがき

　文字，音声，音楽，画像，映像などのメディア情報を伝達，記録するシステムは個別に発達してきた。例えばアナログテレビジョン放送技術は，音響信号部が類似システムの FM 放送技術に似ているが多少異なる。ディジタル技術標準化の古典といえる CD は音響信号のみのディジタル化であったが，MPEG システムに至って音響と動画像が同じ組織で技術の標準化が進められ，合理的に共存するようになった。

　このようなマルチメディアシステムへの流れはその後も進み，現在，私たちは，モバイルデバイスを典型とする高度なマルチメディアシステムが創り出す情報環境のなかで日々の生活を送っている。

　マルチメディアシステムは今後も非連続的な進化も伴って進歩し続けることが期待される。しかし，この分野でも，多くの工学分野と同様に専門分化が進んでいる。例えば，本分野の大きな要素である画像技術と音響技術は，いまだにそれぞれ別の専門家，別の学会から構成されている。

　そのため，今後のマルチメディア学，マルチメディアシステム技術を担う人材を育成するには，その重要な要素技術群の基礎を広くしっかりと習得することが望まれる。これを意識し，本書は次のような構成を取っている。

(1) 聴覚，音声，視覚などの人間要因とその定量化手法
(2) 現在のディジタル技術の理解に有用なアナログ技術
(3) 信号のディジタル化の基礎，CD における音信号ディジタル表現技術
(4) 音響信号処理，画像信号処理の両者で比較的似通った技術要素が用いられる情報圧縮信号処理技術
(5) 人間と機械のインタラクションを支えるインタフェースと VR 技術

　本書を一年間の講義の教科書として使われる場合には，これらを例えば (1)〜(3) を前期に，(4) と (5) を後期に講ずることが考えられよう。

執筆に当たって次を心がけた。アナログ技術については，現在のディジタル技術との関連を重視し，実用システムに用いられる基本技術には革命的な変転は起こりにくいことも意識し，必要な基礎的技術についてはしっかり記述する。さらにディジタル技術をなるべく系統的に述べ，抽象論に陥らないために要素技術の項目ごとに，標準化された技術による実際のシステムの例を示す。また視野の広い理解を狙い，個々の技術について，まず音響信号，続いて画像信号への応用を述べて比較する。このような対比は，短時間でわかりやすく述べるのになかなか有効であり，ささやかながら音響にも画像にも詳しいエンジニアを育てる一助となるかもしれない。

マルチメディアシステムの変化は速い。しかし観点を変えると，こうしたダイナミズムこそが隆盛を極めているこの産業分野の特徴ともいえる。そこで，教科書に必須の演習問題はレポート課題の形式とし，本書の範囲をやや超える課題を設定することにより，さらに進んだ技術探求の指針とすることとした。そのため，参考文献としては，論文の類よりは比較的参照しやすい書籍を優先して取り上げるようにした。

マルチメディアシステム技術はきわめて広範であり，包含できなかった重要技術も多い。読者諸兄姉には，本書に詳述されていない技術分野については別の解説書を友として，併せて追求していただければと考える。

本書は，大賀を著者とする『マルチメディアシステム工学』（コロナ社，2004）を基盤としている。それから20年，モバイル網のグローバルな展開を基盤とする電話システムの変化は劇的であった。本書はこのような20年間の急激かつ劇的な変化に対応して内容の大幅な取捨選択と加筆により全編を改稿した。

著者らは本書が教科書として受け入れられることを期待したい。誤りや不具合な記述のご叱正，さらには改善のご提案などを，本書関連分野の利につながるものとお考えのうえ，よろしくお願い申し上げる次第である。

2024 年 8 月

大賀寿郎・鈴木陽一

目　　　次

1.　基本的な事項

2.　音声と音楽，聴覚と視覚

3.　アナログシステム技術

4.　線形ディジタル処理を基盤とするシステム

5. 信号適応ディジタルシステム技術

6. ヒューマンマシンインタラクションと **VR**

第1章

基本的な事項

1.1 マルチメディアシステムとは何か

メディア (media) は「媒体」と訳される。ここではメディアを

「人が情報，意思などを他人との間で授受する媒体となるもの」

と定義する。人は種々のメディアを用いて情報や意思をやり取りしているわけである。この定義に従えば，広義のマルチメディアシステム技術とは

「人の身体の機能の一部を拡張する技術」

ということになる。

1.1.1 コンテンツとメディア

人どうしのコミュニケーションは**図 1.1** のような階層で行われている。

ここでは，人がやり取りを希望している内容を体現するもの（上位のもの）を**コンテンツ** (contents)，これを伝える手段となるもの（下位のもの）をメディ

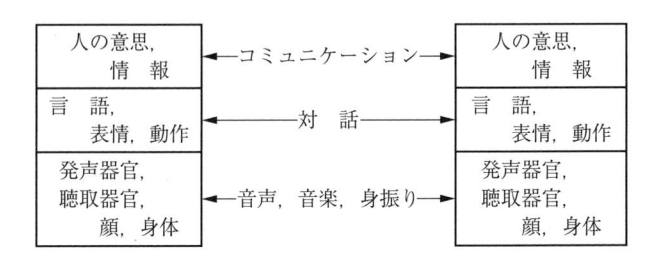

図 1.1 コミュニケーションの階層

アと呼ぶことにしよう。人の意思，情報をコンテンツとすると，メディアは例えば図 **1.2** のように整理される。

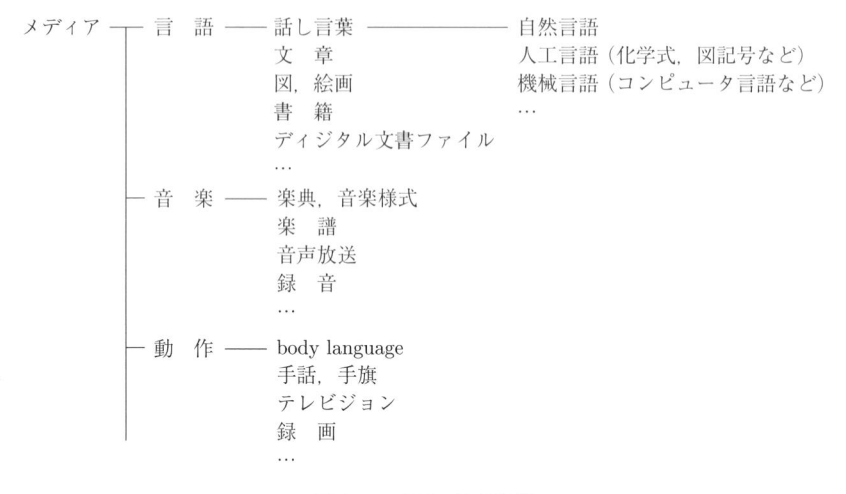

図 1.2 メディアの分類

　また，これらの各項目をメディアとして機能させるためのさらに下層のメディアも定義できる。録音をメディアと考えれば，録音に用いるディスク，メモリカードなどはこうした下層のメディアである。

　このようにメディアを多層なものと理解すると，コンテンツとメディアの関係は相対的なものとなる。例えば，言語をメディアとして論じるときはコンテンツは人の意思，情報であるが，ディジタル文書ファイルをメディアとして扱うときには言語の記述内容をコンテンツと認識することになる。

　本書で取り扱う「メディア」は図 1.1 のチャートの最下層をなすものと，その伝達能力を拡張するもの（さらに下層のもの）とする。例えば，話し言葉の能力を拡張するメディアとして文字，文章による記録があげられる。また，電話は距離の壁を越えるという別な形で話し言葉の能力を拡張する手段である。さらに電子，情報，通信技術のアシストにより，メディアの種類はきわめて多様化している。

1.1.2　マルチメディアの概念

　それぞれの階層で，目的のコンテンツに対して複数種類のメディアの自由選択ができ，メディアの種類によらず希望するコミュニケーションが可能な状態を「マルチメディアの実現されている状態」と定義する。例えば，下記のようなコンテンツとメディアの対応例があげられる。

- マルチ伝送メディア：例 ＝電話通話（伝送路は光，無線，⋯）
- マルチ表現メディア：例 ＝ 人の表現（動画像，静止画，音楽，音声，データ，⋯）
- マルチ報道メディア：例 ＝ ニュース（新聞，テレビジョン，ラジオ，インターネット配信，雑誌，⋯）

　工学系の分野では，マルチメディア＝マルチ表現メディアという理解が一般的である。さらに，ディジタル信号がすべてのメディアを区別なしに扱う特性をもつことから，マルチメディアは従来独立していた**メディアの統合，融合**を意味するようになった。例えば，音声システムと動画像システムとの融合はマルチメディアシステム構成の典型のように認識されている。

　ここではこの理解を踏まえて，**マルチメディアシステム**（multimedia system）を

　　「**情報の種類にかかわりなく伝達，記録することによりあらゆる種類の情報に対応するシステム**」

と位置づけよう。

　ユーザに有用なマルチメディアシステムを普遍的に提供するための**工学**（engineering），**技術**（technology）は電子，情報，通信工学の重要な一分野であり，少なくとも下記の3領域を統合するものでなければならない。

- ヒューマンマシンインタフェース
- アナログ，ディジタル電子システム
- ネットワークシステム

　したがって，マルチメディアシステム技術ではメディアによる人どうしのコミュニケーションに関する知識が基盤となる。本書ではメディアとして，人の

発声器官，聴取器官，視覚器官（口，耳，目）に関連するものに着目する。すなわち

- 聴覚，視覚によるコミュニケーションのためのシステムであって，
- 音声，音楽，静止画，動画，データなどを統合した表現のための信号[†1]の授受を行う，
- 電子，情報，通信技術を駆使した，

システムを対象とし，これをマルチメディアシステムと呼ぶこととする。

┌─ コーヒーブレイク ─┐

メディアの3層モデル

　本文ではコンテンツとメディアの関係を重層的，相対的なものと考える基本モデルを説明しました。それ以外にもさまざまな基本モデルが提唱されています。その一例が，メディア学における命題を「つくる」「伝える」「活用する」とし，情報の送り手と受け手のやり取りを次の3層で構成する基本モデルです[1][†2]。

- コンテンツ：やり取りの対象となる情報の内容
- コ ン テ ナ：やり取りの媒体となる情報の形式
- コ ン ベ ア：やり取りする形式としての情報の提示手段

図にモデルのイメージを具体例とともに示します。コンテンツ，コンテナ，コンベアは，いずれも英語が c で始まることから，三つの C とも呼ばれます。

　コンテンツはニュース，案内，作品など送りたい情報のために送り手が作成する内容で，コンテナはそれらをテキスト，音声，画像，動画などとして伝える，AAC や JPEG，PDF，MPEG-4 など標準化された形式のデータ（ファイル）です。コンベアは雑誌，放送，インターネットなど，そしてそれを実現するテレビジョン受像機やスマートフォン，PC など，受け手への提示手段，提示形式です。受け手はコンベアによって運ばれたコンテンツを活用することになります。インタラクティブなコミュニケーションでは，送り手と受け手が相互に交替します。さらに SNS のように多くが関与している場合には，その間で動的に変化していくと考えられます。

[†1]　本書では音声，音楽関係の信号を
　　　　音響信号：人の耳で受容できるあらゆる音を含む信号
　　　　音声信号：電話機での授受の対象となる個人の話声信号
　　　の二つに分類する。ラジオ，テレビジョン技術領域では前者を音声信号と呼ぶが，ここではこの呼称は別の意味で用いる。
[†2]　肩付数字は巻末の引用・参考文献番号を表す。

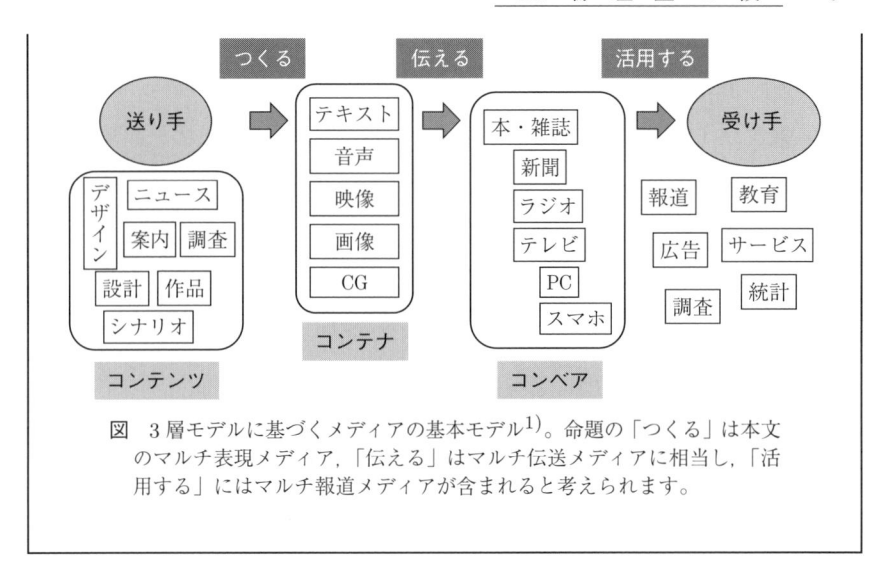

図 3層モデルに基づくメディアの基本モデル[1]。命題の「つくる」は本文のマルチ表現メディア，「伝える」はマルチ伝送メディアに相当し，「活用する」にはマルチ報道メディアが含まれると考えられます。

1.2 物 理 量 と 波

1.2.1 基本となる物理量

物理量を取り扱うときにはその単位と次元を忘れてはいけない。ここで本書に関連する基本的な量とその単位を列挙する。

現在，標準として用いられている**単位系**（units）は ISO で規定された国際単位系（SI）である。長さ〔m〕，質量〔kg〕，時間〔s〕，電流〔A〕を基本量とし，これに温度〔K〕，物質量〔mol〕，光度〔cd〕を加えた 7 種を基本単位とする。また，平面角〔rad〕，立体角〔sr〕を補助単位とする。パワーの比の常用対数の 10 倍として定義されるデシベル〔dB〕量は本来無名数だが，基準の量を決めておくと通常の物理量のように扱うことができる。

電気系の基本量はよく知られた下記の 3 種を用いる。

- 電　圧〔V〕：基準量との比の 2 乗の常用対数の 10 倍を電圧レベル〔dB〕と呼ぶ。1 V を基準量とすることが多いが，0.775 V（600 Ω の電気抵抗に 1 mW を消費させる電圧）を基準とすることもある。

- 電　流〔A〕：基準量との比の 2 乗の常用対数の 10 倍を電流レベル〔dB〕と呼ぶ。
- 電　力（パワー）〔W〕：エネルギーの時間率。基準量との比の常用対数の 10 倍を電力レベル，またはパワーレベルと呼ぶ。1 W，または 1 mW を基準量とすることが多い。

機械（力学）系の基本量は上記の電気系の場合と同様に定義される。

- 力〔Pa〕：基準量との比の 2 乗の常用対数の 10 倍を力のレベル〔dB〕と呼ぶ。
- 速　度〔m/s〕：基準量との比の 2 乗の常用対数の 10 倍を速度レベル〔dB〕と呼ぶ。
- パワー〔W〕：次元は電力と同じ。基準量との比の常用対数の 10 倍をパワーレベルと呼ぶ。

音の基本量は上記の機械系の場合と同様に定義される。

- 音　圧〔Pa〕：基準量との比の 2 乗の常用対数の 10 倍を音圧レベル〔dB〕と呼ぶ。一般に，0.000 02 Pa（20 μPa，正常な聴力をもつ人が聞き取れる 1000 Hz 正弦波の最小の音の値に近い）を基準量とする。
- 粒子速度〔m/s〕：実際には個々の空気分子の運動は高速で方向がランダムである。音響現象ではその平均値を粒子速度とする。dB 量は定義できるが，あまり使われない。
- 音の強さ（音響インテンシティ）〔W/m^2〕：基準量との比の常用対数の 10 倍を音響インテンシティレベル（音の強さのレベル）〔dB〕と呼ぶ。10^{-12} W/m^2 を基準量とする。この値は常温常圧の空気中では 2 ％程度の偏差で音圧レベルの値に一致する。

光の基本量はつぎのように，人の視覚の特性を加味したものを含んでいる。

- 光　度（cd ＝ カンデラ）：光源の強さを表す SI における光の基本単位で，周波数 540×10^{12} Hz の単色光（黄緑の可視光）を放射し，単位立体角（sr ＝ ステラジアン）当りの放射強度が 1/683 W の光源の光度を 1 cd とする。

- 光　束（lm＝ルーメン）：光パワーの肉眼による評価量で，光度 1 cd の点光源から 1 ステラジアンの立体角の範囲に放射される放射束。単色光でないときは標準比視感度と最大視感度で重み波長積分して求める。

- 照　度（lx＝ルクス）：照らされた面の明るさで，$1\,m^2$ を 1 lm の光束で一様に照らしたときの明るさが 1 lx である。晴れた日向は 10 万 lx 以上，日陰で 1 万 lx，照明された机上は 300 lx 程度である。

1.2.2　電磁波と音波

システム工学では種々の物理的意味をもつ空間の波をメディアとして取り扱う。その基本量はつぎのようなものである。

- 振　幅：電圧〔V〕，音圧〔Pa〕などで表された波の正または負の最大値
- 周波数：周期波の場合，1 秒間に最大の繰返し単位の現れる頻度〔Hz〕。その 2π 倍を角周波数〔rad/s〕と呼ぶ。次元は時間の逆数
- 波　長：周期波の場合，最大の繰返し単位の空間的な長さ〔m〕。時間的な長さ〔s〕の場合もある。
- 位相（位相角）：周期波の場合，1 周期内の位置の角度表示〔rad〕。次元は無名数
- 位相速度：波の特定の位相の波面が空間を伝わる速度〔m/s〕。分散や非線形性のない空間を伝わる波ではこれが波速を与える。
- 波動のインテンシティ強さ，または（波の）パワー：進行方向に垂直な単位面積を単位時間〔1 s〕に通過する平面波のエネルギー〔W/m^2〕

マルチメディアシステムの扱う空間波は電磁波（電波，光）と音波である。両者を波長をそろえて対比すると図 **1.3** のようになる。音速（15℃で約 340 m/s）と電磁波の速度（約 3×10^8 m/s）では，約 10^6 倍の開きがあるので，同じ波長では電磁波の周波数が音波のそれの約 100 万倍大きい。図より 1 GHz の電磁波の波長（30 cm）は 1 kHz の音波のそれ（34 cm）に近いことがわかる。

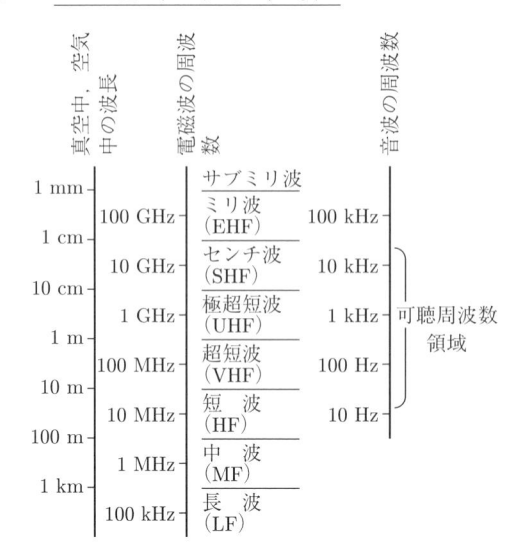

図 1.3　同じ波長をもつ
電磁波と音波の比較

1.3　マルチメディア信号の取扱い

　マルチメディアシステムの本質は音響信号，動画像信号，文字信号など複数の種類の信号をまとめて取り扱うことである。ここで，やや抽象的となるが信号の基本的な性質とその取扱いの考え方を概観する。具体例は 2 章，3 章で詳しく述べる。

1.3.1　信 号 の 次 元

　信号は時間と空間を座標とする関数として定義される。電子，情報，通信システムで伝送，記録，再生可能な信号は本質的に時間のみに依存する一次元信号である。このため，種々の**次元**（dimension）をもつ信号を時間のみによる信号に変換して伝送，記録，再生するための技術が重要となる。ここで空間を直交座標 $x,\ y$ および z，時間を t で表現し，種々の信号とその座標との関係を整理しよう。

　まず，最も簡単な例に注目する。空間の 1 点で受音された音声，音響信号は

時間のみによる一次元連続関数で，特別な加工なしに電気信号化できる。

　一方，人の耳は左右 2 点で音を受容して音の入射方向などを知覚している。マイクロフォン素子を複数並べた受音システムは，さらに多くの空間情報を得ることができる。こうして得られる複数の点で受音された音声，音響信号は空間情報を含む二次元以上の関数となり，複数チャネル同時伝送，記録などの工夫が必要となる。2 チャネルステレオ音響信号は空間の次元を 2 点で代表させた例である。

　絵画，写真，文書を表示しているパーソナルコンピュータ（以下，パソコン）の画面など静止画は二次元平面上の関数であり，本質的な時間的変化はない。したがって，やはり二次元の関数である。こうした二次元信号は，例えば画面を多くの平行な線（走査線，ラスタ）として切り出すことにより時間のみによる一次元信号に変換できる。ファクシミリがよい例で，二次元静止画像信号を決められた規約（プロトコル）で走査して音響信号と同じような時間のみの関数に変換し，一次元信号として送信する。受信側では決められた手順でこれを二次元の静止画像に復調する。有限間隔の走査により空間の次元の一つは不連続（離散）となるが，走査を細かくして連続量に近づけるのが理想である。

　色彩（カラー）をもつ静止画は光の周波数を変数とする関数なので，時間の関数ともいえるが，通常は人の色彩感覚の特性（三原色分解）を利用し，3 枚一組み（3 チャネル）の静止画として扱われる。

　彫刻，建築，自然の風景などの静止物体の像は，人が認識する信号としては三次元空間の時不変の関数である。三次元空間の像を光学的または電子的に伝送，記録，再生する技術はホログラフィーなどの手段で試みられているが，まだあまり一般的ではない。

　映画，テレビジョンなどの動画像信号は，二次元の画像信号を一定の速度〔映画なら毎秒 24 枚〕で表示するものであり，二次元平面での量の時間関数となっている。一方，人の視覚特性（2.3.4 項参照）を利用して，時間関数としては上記のように比較的粗い時間間隔で飛び飛びに値をもつ離散量とすることが承認されている。

テレビジョンは，二次元動画像信号を決められた規約（プロトコル）のもとに音響信号と同じような時間のみの関数に変換し，色彩の要素まで多重化して一次元信号として送信する。受信側では決められた手順でこれを二次元の動画像に復調している。

こうした種々の信号の次元を表 1.1 に整理して示す。マルチメディアシステムでは，二次元以上の空間における信号を時間のみによる一次元信号に変換しなければならない。このあと説明するそれぞれのシステムで，これをどのように解決しているかに注目していただきたい。

表 1.1　種々の信号の次元

		空間 x	空間 y	空間 z	時間 t
一次元	音声，音響信号	—	—	—	連続
二次元	複数の点で受音された音響信号	離散	—	—	連続
	静止画像信号（白黒）	連続	連続*	—	（時不変）
	静止画像信号（カラー）	連続 ×3	連続 ×3*	—	
三次元	静止物体信号	連続	連続*	連続	
	動画像信号（白黒）	連続	連続*	—	離散
	動画像信号（カラー）	連続 ×3	連続 ×3*	—	離散

（備考）便宜上色彩の要素は次元とは考えていない。

＊：アナログ電子システムでも走査により離散化される。

1.3.2　時間領域と周波数領域

表 1.1 にある信号で音声，音響信号，動画像信号など多くのメディア信号は時間の関数である。このような信号は，時間領域と周波数領域の 2 種類の表し方が可能である。時間領域とは信号を時間の関数の信号波形（時間波形，あるいは単に波形などとも呼ばれる）として考える世界である。周波数領域とは信号を周波数の関数，すなわち，どの周波数にどのような大きさの成分があるか考える世界であり，そのような表現を**周波数スペクトル**と呼ぶ。

フーリエ変換が収束し，存在する限り，ある信号を時間領域で表したもの（波形）と周波数領域で表したもの（周波数スペクトル）は相互に行き来すること

ができる。その行き来を表す数学が**フーリエ解析**である。情報通信工学で用いられるフーリエ解析では，解析の基盤（数学用語では基底関数）として三角関数（sin 関数，cos 関数），これらを合わせた指数関数（exp 関数）を用い，時間領域から周波数領域へ，あるいは，周波数領域から時間関数への変換（行き来）を行うことができる。

　信号が二次元，三次元であっても，時間のみに依存する一次元信号に変換して伝送，記録，再生することも可能である。そこで，一次元信号について，最も一般性が高いフーリエ解析であるフーリエ変換を用いて数学的な特徴を把握しておこう。

　時間 t を変数とする一次元の連続関数 $x(t)$ は，次式に示す**フーリエ変換**（Fourier transform）により周波数 f の連続関数に変換される。

$$X(f) = \int_{-\infty}^{\infty} x(t) \exp(-j2\pi ft)dt \tag{1.1}$$

被積分関数のなかの指数関数部分はオイラーの公式

$$\exp(-j2\pi ft) = \cos(2\pi ft) - j\sin(2\pi ft) \tag{1.2}$$

より三角関数であることが知られる。したがって，式 (1.1) は，時間の関数 $x(t)$ に周波数 f の三角関数を掛けて広い時間範囲で積分すると周波数 f の成分が検出できることを表す。すなわち，うえでも述べたように時間関数 $x(t)$ と周波数関数 $X(F)$ は同じ信号を時間の領域と周波数の領域でそれぞれ表すものである。$X(f)$ から $x(t)$ への変換は**逆フーリエ変換**（inverse Fourier transform）

$$x(t) = \int_{-\infty}^{\infty} X(f) \exp(+2\pi ft)df \tag{1.3}$$

で与えられる。これらの式は信号を表す関数に基底関数（直交する関数列，ここでは複素指数関数）を乗じて積分することにより成分を分析するものである。

　ここで，これらの関数の物理的な意味（次元）を吟味しておこう。式 (1.3) から知られるように $x(t)$ は $X(f)$ に周波数〔Hz〕を掛けた量である。したがって，例えば $x(t)$ が電圧〔V〕なら $X(f)$ は単位周波数当りの電圧〔V/Hz〕であり，両者の物理的な意味は異なる。

これらの積分は，関数が絶対積分可能（$\int_{-\infty}^{\infty} |x(t)|dt < \infty$）であるならば，有限値に収束する。現実の信号はこの条件を満たすものが多く，またたとえ満たさない場合でも，信号の長さや振幅を制御して，この条件を満たすよう工夫できるものである。

正弦波，三角波などの周期信号は理論的には開始と終了はなく，無限長の時間にわたり定義される。こうした関数は1周期のみを取り出して解析する。一次元関数 $x(t)$ が周期 T〔s〕の周期関数であれば，つぎの**フーリエ級数**（Fourier series）で表現できる。

$$x(t) = \sum_{p=-\infty}^{\infty} X_p \exp\left(j2\pi \frac{t}{T}p\right) \tag{1.4}$$

ここで，p は整数である。係数 X_p は式 (1.5) で与えられる。

$$X_p = \frac{1}{T} \int_{-T/2}^{+T/2} x(t) \exp\left(-j2\pi \frac{p}{T}t\right) dt \tag{1.5}$$

p が 0 の項は直流成分を表す。

X_p は周波数の関数とみなされるが，周波数間隔 $1/T$〔s^{-1}=Hz〕の周波数点のみに存在する。したがって，時間の領域で周期的な関数は周波数の領域では飛び飛びの関数（離散関数）になる。また，X_p を与える式では時間項が分子分母にあるので相殺するため，X_p と $x(t)$ の物理的意味は等しい。例えば $x(t)$ が電圧なら X_p も電圧である。

フーリエ級数の時間と周波数とを形式的に逆転すると下記の関係が得られる。

$$X(f) = \sum_{n=-\infty}^{\infty} x_n \exp\left(-j2\pi \frac{f}{F}n\right) \tag{1.6}$$

$$x_n = \frac{1}{F} \int_{-F/2}^{+F/2} X(f) \exp\left(j2\pi \frac{n}{F}f\right) df \tag{1.7}$$

ここで，x_n は時間領域の関数だが，時間間隔 $1/F$〔Hz^{-1}=s〕の時刻のみに存在する飛び飛びの関数（離散関数）である。一方，周波数領域の関数 $X(f)$ は周波数 F ごとの周期関数となる。したがって，時間の領域で飛び飛びの関数（離散関数）は周波数の領域では周期的な関数になる。

ディジタルコンピュータで取り扱う信号は時間領域の離散関数なので，上記との関係式はディジタル信号の解析に有用である。通常は

$$z = \exp\left(j2\pi\frac{f}{F}\right) \tag{1.8}$$

とおいて変数変換し

$$X(z) = \sum_{n=-\infty}^{\infty} x_n z^{-n} \tag{1.9}$$

$$x_n = \frac{1}{j2\pi} \oint X(z)z^{n-1}dz \tag{1.10}$$

の形式として利用する。これを **z 変換**（z-transform）と呼ぶ。式 (1.10) の積分路は単位円となる。

ディジタルコンピュータでは，周波数領域の信号も離散関数として取り扱う。したがって，時間領域と周波数領域との関係としては下記のような**離散フーリエ変換**（discrete Fourier transform：DFT）を用いる。

$$X_p = \sum_{n=0}^{N-1} x_n \exp\left(-j2\pi\frac{p}{N}n\right) \tag{1.11}$$

$$x_n = \frac{1}{N} \sum_{n=0}^{N-1} X_p \exp\left(j2\pi\frac{n}{N}p\right) \tag{1.12}$$

周波数領域の関数 X_p，時間領域の関数 x_n はいずれも飛び飛び，かつ周期的となる。また，p が 0 の項は直流成分を表す。離散フーリエ変換は上記のフーリエ級数や z 変換と異なり加算の範囲が $N-1$ までとなっており，p または $n = 1$ の成分の 1 周期分のみを加算していることがわかる。この式の数値計算には，複素指数関数部の周期性を利用した**高速フーリエ変換**（fast Fourier transform：**FFT**）と呼ばれるアルゴリズムが広く用いられる。

こうした変換関係をまとめて**表 1.2** に示す。マルチメディアシステムで各種の信号を時間のみに依存する一次元信号の形式で取り扱うにあたっては次の 2 つの性質が解析の基本となる。

表 **1.2**　時間領域と周波数領域の変換関係

種　類	変　換　対	波形の概念
フーリエ 変換	時間領域 → 周波数領域 $$X(f) = \int_{-\infty}^{\infty} x(t)\exp(-j2\pi ft)dt$$ 周波数領域 → 時間領域 $$x(t) = \int_{-\infty}^{\infty} X(f)\exp(j2\pi ft)dt$$	非周期的 連　続
フーリエ 級数	時間領域 → 周波数領域 $$X_p = \frac{1}{T}\int_{-T/2}^{T/2} x(t)\exp\left(-j2\pi\frac{p}{T}t\right)dt$$ 周波数領域 → 時間領域 $$x(t) = \sum_{n=-\infty}^{\infty} X_p \exp\left(j2\pi\frac{t}{T}p\right)$$	周期的 離　散
z 変換	時間領域 → 周波数領域 $$X(f) = \sum_{n=-\infty}^{\infty} x_n \exp\left(-j2\pi\frac{f}{F}n\right)$$ ここで $z = \exp\left(j2\pi\dfrac{f}{F}\right)$ とおくと $$X(z) = \sum_{n=-\infty}^{\infty} x_n z^{-n}$$ 周波数領域 → 時間領域 $$x_n = \frac{1}{F}\int_{-F/2}^{F/2} X(f)\exp\left(j2\pi\frac{n}{F}f\right)df$$ 上記の z を用いると $$x_n = \frac{1}{j2\pi}\oint X(z)z^{n-1}dz$$ （積分路は単位円）	離　散 周期的
離散 フーリエ 変換	時間領域 → 周波数領域 $$X_p = \sum_{n=0}^{N-1} x_n \exp\left(-j2\pi\frac{p}{N}n\right)$$ 周波数領域 → 時間領域 $$x_n = \frac{1}{N}\sum_{n=0}^{N-1} X_p \exp\left(j2\pi\frac{n}{N}p\right)$$	離　散 かつ 周期的

1) 信号は時間領域，周波数領域いずれでも記述することができ，その関係は表 1.2 のように与えられる，

2) 一方の領域で飛び飛びの信号（離散関数）は，いま一方の領域では周期関数になる。逆も成り立ち，一方の領域で周期関数であれば，いま一方では離散関数になる。

なお，音響信号や動画像信号の処理システムでは，信号を偶関数と仮定し，離散フーリエ変換における周波数領域の値を実数のみとして計算を簡易化する離散コサイン変換が用いられる。詳細は 5.2.1 項で述べる。

コーヒーブレイク

離散フーリエ変換（DFT）の導出

$x(t)$ を時間 $t = 0$ から一定時間 Δt ごとに N 回，時間 $T = N\Delta t$ にわたって取得した信号 x_n を考えます。n は信号の順番を示し，0 から $N-1$ までの値をもちます。このような処理を標本化と呼びます（4.2.1 参照）。

ディラックの $\delta(t)$ 関数は $t = 0$ だけで値をもち，$\int_{-\infty}^{\infty} \delta(t)dt = 1$ ですので，標本化された信号 x_n を表す時間関数 $x_s(t)$ は以下のように表されます。

$$x_s(t) = \sum_{n=0}^{N-1} x_n \delta(t - n\Delta t)$$

$x_s(t)$ を周期 T の周期関数とみたて，その後半は負の時間に移してフーリエ級数の式 (1.5) の $x(t)$ に代入します。

また，標本化により x_n となった信号は順番だけに意味があります。そこで，$x_s(t)$ を計算していく際に，$\Delta t{=}1$ と置いて計算を進めます。

$$
\begin{aligned}
X_p &= \frac{1}{N\Delta t} \int_{-\frac{N\Delta t}{2}}^{\frac{N\Delta t}{2}} x_s(t) \exp\left(-j2\pi \frac{p}{N} t\right) dt \\
&= \frac{1}{N} \sum_{n=0}^{N-1} x_n \int_0^N \delta(t - n) \exp\left(-j2\pi \frac{p}{N} t\right) dt \\
&= \frac{1}{N} \sum_{n=0}^{N-1} x_n \exp\left(-j2\pi \frac{p}{N} n\right)
\end{aligned}
$$

ここで，任意の関数 $f(t)$ に対して $\int f(t)\delta(t - a)dt = f(a)$ であることを用い

ました。

この式の先頭の $1/N$ ですが，DFT の二つの式では式 (1.11) ではなく式 (1.12) に入っています。$1/N$ は正規化係数と呼ばれるもので，これら二つの式のどちらに入っていてもよいので式 (1.12) に書いてあるのです。なお，式の対称性を重んじる場合には両方に $1/\sqrt{N}$ を入れる場合もあります。

以上のように，フーリエ級数の計算式から DFT の式 (1.11) が導入できました。対になる式 (1.12) は，式 (1.4) で，$T = N\Delta t$，$t = n\Delta t$，総和 Σ の p を $0 \sim N-1$ とすることで求められます。

ただし x_n が周期信号であるとは限りません。そこで，DFT の結果を連続的なアナログ信号のフーリエ変換と関連づけて考えられるよう，標本化の後に N 個の信号の区間の両端を小さくしておく，時間窓という重み付け処理が行われます。DFT の数学的基盤が連続信号に対するフーリエ解析であることは意識して使っていきましょう。

高速数値計算アルゴリズム FFT の考案により，DFT は地震波や音信号などの低周波信号から，いまや映像や電波など GHz に至るさまざまな信号処理に利用されています。

1.3.3　時間周波数と空間周波数

上記のように，通常は周波数を単位時間当りの波数と考える。一方，マルチメディアシステムでは単位空間当りの波数と定義される周波数も用いられる。

一例として，常温の自由空間を $1\,\mathrm{kHz}$ の音波が伝わっているとする。これを 1 点で観測していると $1/1000$ 秒間隔で同じ波形が通過していくから周期は $1/1000$ 秒であり，周波数はこの逆数の $1000\,\mathrm{Hz}$ と与えられるわけである。

一方，ある瞬間にこの音波による音圧の空間分布を観測すると，音波の進行方向に約 $34\,\mathrm{cm}$ 間隔で同じ波形が繰返し存在するから波長は $34\,\mathrm{cm}$（$0.34\,\mathrm{m}$）であり，空間周波数はこの逆数より 2.9（単位は $[\mathrm{m}^{-1}]$）と与えられる。

通常の議論では周波数および周期は時間に関する量，波長が空間に関する量とされるが，画像の取扱いなどでは空間周波数も重要な定数となる。

1.4 人の心理現象の定量化法

　本書で扱うマルチメディアシステムは，人の意思，人のための情報のコミュニケーションのためのメディアと位置づけている。

　人の用いる機器，装置を設計するには，人の心理現象を数値化して設計に反映させ，また，システムの評価のよりどころとする必要がある。その手段となる心理現象を定量化する技術，例えば物理的な刺激に対する人（被験者）の判断を数量化してデータとする手法は**計量心理学**（psychometrics）に属し，マルチメディアシステム技術における重要な道具となる。人の判断は物理現象の計測に比べあいまいさを伴うので，データの再現性，信頼性を確保するため多数の被験者により多数回の，また多様な実験を行わなければならない。

1.4.1　心理量の尺度化

　複数種類の刺激に対する人の主観的な判断を数値として表す。これを「感覚量」と呼ぶ。例えば，2種のケーキを用意して好きなほう，嫌いなほうを判断させ，「好き」，「嫌い」のカテゴリー（分類，範疇）を数値「1」，「0」に対応させれば順序のある感覚量となる。しかし，感覚量は物理量に比べ数値化の基盤が明確なものではないので，つぎのような基本的な性質を吟味する必要がある。

- 同一性：同じ・違うが明瞭であること，同じ判断を表す分類が存在すること。上記のような二者択一であれば判断が対称的であること。
- 順序性：同一性を満たし，さらに大小の順序があること。
- 加法性：順序性を満たし，さらに四則演算（＋，－，×，÷）ができること。

これらの性質の成立可否により，数値はつぎのような尺度に分類できる。

（1）名義尺度　　カテゴリーが同一性を満たしており，グループ分けができる尺度。これだけでは数値化はできない。

（2）順序尺度　　カテゴリーが順序性を満たしており，一次元に配列できる尺度。順序を数値で表せば中央値を求めるなどの数学的操作ができる。

一見，順序があるようにみえて，じつはこれを満たさない例がある。例えば「じゃんけん」の「ぐう」，「ちょき」，「ぱあ」は区別はできるが順序をつけて配列できないので，名義尺度ではあるが順序尺度ではない。

（ 3 ） **距離尺度（間隔尺度）**   カテゴリーを表す量が加法性を満たしている尺度。相互の距離を数値化でき，等間隔が定義できる。したがって，平均，分散，相関係数などほとんどの数値演算が可能となる。

しかし，数値そのものは相対量であり，基準のとり方で変わるので，A/B というような数値の比率を問題にするのは無意味となる。例えば，摂氏で表示した温度（℃）は -20 度からの 1 度でも，40 度からの 1 度でも熱量の変化としては同じである。しかし摂氏で表した二つの温度の比には意味がない。

したがって，温度目盛は一般に距離尺度である。

（ 4 ） **比率尺度（比例尺度）**   カテゴリーを表す量が絶対的原点をもち，A/B というような数値の比率を問題にすることができる尺度。長さ，質量など多くの物理量は 0 を物理的に定義できるので比率尺度に属する。絶対温度も物理的に明確な 0 度が定義されるので比率尺度となる。

1.4.2　心理現象の性質とウェーバー・フェヒナーの法則

等しい感覚変化を起こさせるには，刺激とする物理量は一定の比（差ではない）で変化させなければならない。これがウェーバー（E. H. Weber）の法則として知られている。いま，感覚を起こさせる刺激量を S とするとき，この法則は式 (1.13) で数値表示できる。

$$\Delta S = KS \tag{1.13}$$

ただし，K は定数である。変形してつぎの式 (1.14) で表すこともできる。

$$\frac{\Delta S}{S} = K \,（定数） \tag{1.14}$$

この法則は，例えば長さ $10\,\mathrm{cm}$ と $20\,\mathrm{cm}$ は誰がみても違うが，同じ $10\,\mathrm{cm}$ 差の $1\,\mathrm{m}$ と $1\,\mathrm{m}\,10\,\mathrm{cm}$ はそれほど違ってみえない，同じくらい違ってみえるのでは $1\,\mathrm{m}$ と $2\,\mathrm{m}$ の関係である，と主張するものである。

　感覚的に区別できる最小の刺激差は，刺激の大きさに比例する。これがフェヒナー（G. T. Fechner）**の法則**として知られている。この法則は，感覚量を R，感覚を起こさせる刺激量を S とするとき，式 (1.15) のように数式表示される。ただし，c は比例係数である。

$$\delta R = c\frac{\delta S}{S} \tag{1.15}$$

　この法則は，例えば長さ 10 cm の伸縮できる棒があるとき，人が気づく最小の伸縮量が 3 mm だったとすれば，長さ 1 m の棒では人が気づく最小伸縮量は 3 mm ではなく 3 cm である，と主張するものである。

　フェヒナーの法則はウェーバーの法則と関連するとみなされるので，この式を積分した式

$$R = c\log_e S + A \tag{1.16}$$

を**ウェーバー・フェヒナーの法則**と呼ぶ。ただし，A は積分定数である。

　A の値は感覚 R が 0 のときの刺激（刺激閾）とすることが多い。これを S_0 とすると

$$R = c\log_e\left(\frac{S}{S_0}\right) \tag{1.17}$$

となる。

　人の主観評価値はこの法則に従うものが少なくないので，刺激とする物理量は対数（例えば常用対数による dB 値）で表示すると便利である。

1.4.3　評定尺度法（オピニオン評価）

　5 段階，7 段階などのカテゴリー（範疇）で対象を主観評価する方法で，人の感覚，判断を定量化する道具としてよく用いられる。**表 1.3** のように五つのカテゴリーに分類する方法が一般的である。評点を 4，3，2，1，0 点とする例もある。また，劣化や妨害を尺度化する場合には 0，-1，-2，-3，-4 点を用いることもある。

表 1.3　オピニオン評価の尺度

カテゴリー （評点）	品質尺度の例	基準と比較した 劣化尺度の例	妨害尺度の例
5 点	非常によい	劣化が認められない	妨害の有無がわからない
4 点	よい	劣化が認められるが 気にならない	妨害がわかるが 気にならない
3 点	普通	劣化がわずかに 気になる	妨害がわかるが 邪魔にならない
2 点	悪い	劣化が気になる	妨害が邪魔になる
1 点	非常に悪い	劣化が非常に気になる	妨害がひどく受容不能

　なるべく一般的な結果を得るため，1 種類の刺激に対して多数回の実験を行ってデータとする。判断がばらつくので，平均値を求めて評価量とする。これを**MOS**（mean opinion score，平均オピニオン評点）と呼ぶ。この方法は主観評価の数量化法として最も基本的なもので，マルチメディアシステムの評価手段として広く使われている。MOS は順序尺度となる。

　一定の仮定を設けて MOS 値を数値解析し，距離尺度に変換する技術がある。これを系列範疇法と呼ぶ。例えば

- ある刺激に対する人の判断を表す心理量は正規分布する（中心極限定理が成立する），
- その分散は刺激の変化によらず一定である，

と仮定すると，MOS 値を距離尺度の心理量に変換できる。

1.4.4　精神（心理）物理学的測定法

　評定尺度法は主観評価の数量化法として最も基本的なものだが，人の評価のよりどころを明瞭に知ることが難しく，物理量との関係を知るには困難が伴う。このため，判断基準を明確化しやすい測定法として被験者に良否のような主観的な判断をさせず，用意された物理的な刺激を被験者に与えて

　　「ある」，「ない」

　　「気がつく」，「気がつかない」

「大きい」，「等しい」，「小さい」

のようなカテゴリーで判断させ，多数回の実験により得られたデータを統計処理することにより感覚を定量化する手法が開拓されている。この方法により

- **刺激閾**（stimulus limen）：感覚が生じる，生じないの境界に相当する刺激（絶対閾とも呼ばれる），
- **弁別閾**（differential limen）：感覚で区別できる最小の刺激の差異。「ちょうど可知差異」と呼ぶとわかりやすい，

のような感覚における**閾**（threshold）を測定することができる。こうした定量化と再現性を重視する手法を精神（心理）物理学的測定法と呼ぶが，人の判断の仕組みをブラックボックスとして現象のみを把握する手法であり，物理学として透徹したものではない。

　実際の測定は，つぎのような方法で行われる。いずれも複数回測定して平均値より測定値を求め，必要に応じて判断のばらつきを考慮した信頼幅，被験者の疲労の影響などを統計的に吟味する。

　（1）調　整　法　　被験者に標準刺激を提示し，さらに被験者が自由に変化できる比較刺激を与えて標準刺激と同じと判断されるように調整させる。比較刺激は明らかに「大きい」，「明るい」のような初期値からの下降系列と，「小さい」，「暗い」のような初期値からの上昇系列とを交互に配列する。また初期値をランダムに変化する必要があるので実験者が設定する。

　（2）極　限　法　　刺激閾を求める場合は，存在を明らかに知覚できる初期値から一定のステップで刺激量を順次下降させながら被験者に提示し，知覚できないという判断に変わる点を求める。一方，明らかに知覚できない初期値から刺激量を順次上昇させながら被験者に提示し，知覚できるという判断に変わる点を求める。これを繰り返してから平均値より刺激閾が得られる。上昇時の平均値と下降時の平均値の差異も参照すべきデータである。被験者は知覚できるかできないかの判断のみを行う。

　弁別閾を求める場合は標準刺激，比較刺激の順で提示しながら後者を順次変化し，比較刺激が明らかに「大きい」，「明るい」と判断される領域，「同じ」と

判断される領域,「小さい」,「暗い」と判断される領域の境界を求める。

（**3**）　**恒　常　法**　　種々の定数の刺激, または差異が種々の値をとる刺激の対を被験者にランダムに多数提示して判断させ, 結果から刺激閾または弁別閾を求める方法で, 特に弁別閾の測定に広範に用いられる。精神（心理）物理学的測定法としては最も正確な測定が期待でき, 適用範囲が広いとされているが, 一般に実験の規模が大きくなり, 被験者の負担も大きくなりがちなので注意を要する。

　2 章で述べる人の感覚の定量的な性質は, このような方法で多くの被験者を集めた実験により求められたものである。

レポート課題

1.「30 cm」と聞くと大ざっぱな長さがイメージできる。ほかの尺度に関しても基本的な値をイメージできることはエンジニアの大切な資質である。

　(1)　手に何 g のものを載せたときに重力が 1 N となるか考察せよ。

　(2)　300 Hz, 1000 Hz, 3000 Hz の音の高さを音楽の五線譜に音符のおよその位置で記し, 音楽で用いられる音域との関係を考察せよ。

2. 時間領域において時間の原点に関して偶関数となる波形はフーリエ変換すると実数関数になり, 奇関数となる波形は虚数関数となる。その理由を考察せよ。

第 2 章

音声と音楽，聴覚と視覚

2.1 人の音声と音楽信号

2.1.1 音声生成部の構造と音声の大きさ

人の声は意思，感情などを伝達するための重要なメディアである。ここでは
マルチメディアシステム技術の観点から声の性質を概観しよう。

人の声は息（呼気）により生成され，有声音と無声音に大別される。音声器官
の概略を図 **2.1** に示す。有声音は周期音で，気管内の気流による声帯の振動によ
り発生された周期パルス列状の音が，口や鼻の空間の共鳴などで周波数特性の変
化を受けて放射される。無声音は口の内部での狭め，開閉などにより摩擦音，破

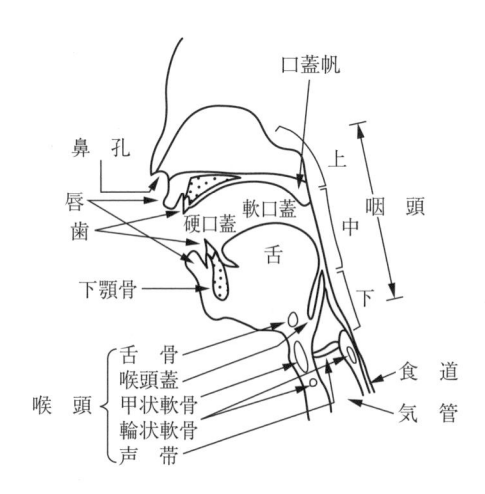

図 2.1 人の音声器官の概略

裂音などの形でつくられる。**母音**（vowel，日本語では/a/，/i/，/u/，/e/，/o/の5種）は有声音であり，**子音**（consonant）には有声音と無声音の両者がある。

　人が普通に発声したときの正面1m位置での声の音圧レベルの，休止部分を除く平均値を**図2.2**に示す。発声レベルには個人差があるが，おおむね最大60dB程度となっている。電話などで相手との距離を意識して話すときには音圧レベルがやや上昇するので，60〜64dB程度を代表値と考えることが多い。

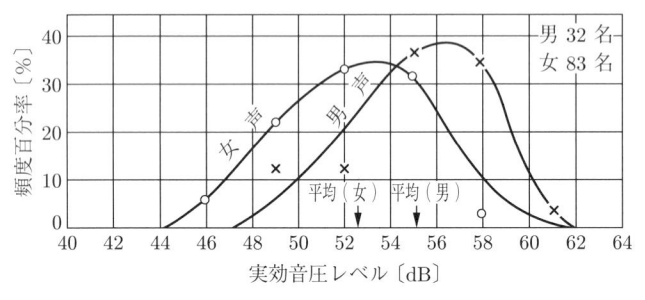

図 2.2　人の話し声の正面1mでのレベル[1]

後述するように音声のパワーの大部分は比較的低い周波数領域にあり，その波長に比べて口の大きさは小さい。このため，人の声は口を中心とする球面波に近い形で空間に放射される。したがって，その音の強さは口からの距離の2乗に概略反比例するので，上記の結果から逆算すると，口元3cm程度の位置に置かれたマイクロフォンには1Pa（大気圧の10万分の1，音圧レベルでは94dB）程度の音圧が加えられていることになる。

2.1.2　音響信号としての母音と子音

　声帯の振動で生成される音はパルス列状の周期波であり，その周波数成分は基本周波数（通常の会話では男声で100〜150Hz，女声で260〜360Hz）の整数倍の成分を数多く含むので，図2.3に示すように音声スペクトルは周期的な形となる。ここで音声スペクトルの包絡を観察すると顕著なピークがみられる。これは声帯の信号が口，鼻を経て放出されるときに，声帯から咽，口腔を経て

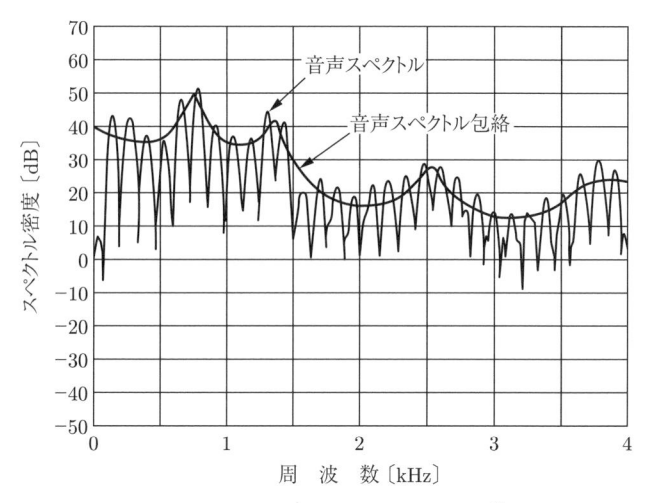

図 2.3 母音のスペクトルとその包絡[2)]

口唇までの声の通り道（声道）の形状で決められる共振特性により高調波成分の振幅分布が変化するためである。

日本語の 5 母音の周波数スペクトル包絡の概要を図 2.4 に示す。ピークの周波数が母音によって異なるのは，母音ごとに声道の形状が異なるため共振周波数

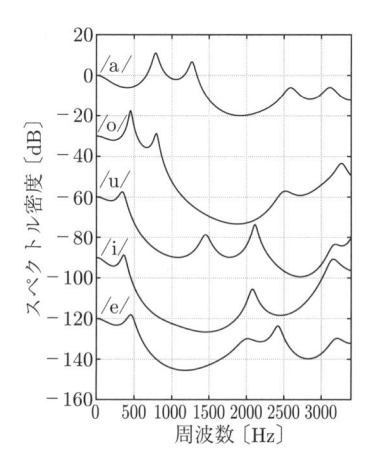

図 2.4　日本語 5 母音の周波数スペクトル包絡の例（成人男性話者）[3),4)]

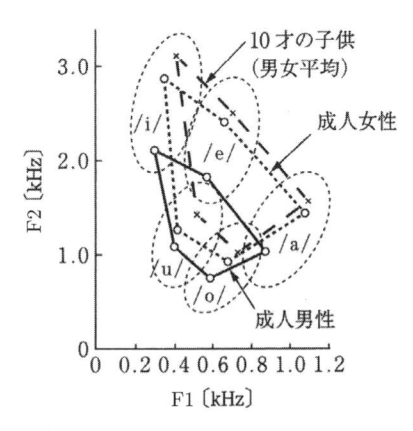

図 2.5　日本語 5 母音の知覚と第一，第二フォルマント周波数の分布[5)]

が変わるからである。このピークは**フォルマント**（formant）と呼ばれ，周波数の低いものから第一フォルマント（F1），第二フォルマント（F2），…と称される。**図 2.5** は多くの人が発生した母音からフォルマント周波数を求め，F1，F2の平面上の分布を求めた結果である。それぞれの母音の F1，F2 が破線の範囲におさまることから，人はフォルマントの構成によって/a/，/i/，/u/，/e/，/o/を区別していることがみてとれる。成人男性に比べ成人女性および子供のフォルマント周波数が高めに分布しているのは声道長の平均が成人男性より短いことによる。

　子音の例として/s/，/ʃ/の周波数スペクトルの平均値の例を**図 2.6** に示す。いずれも雑音性の無声音なので有声音のような線スペクトル構造はみられず，連続スペクトルとなる。

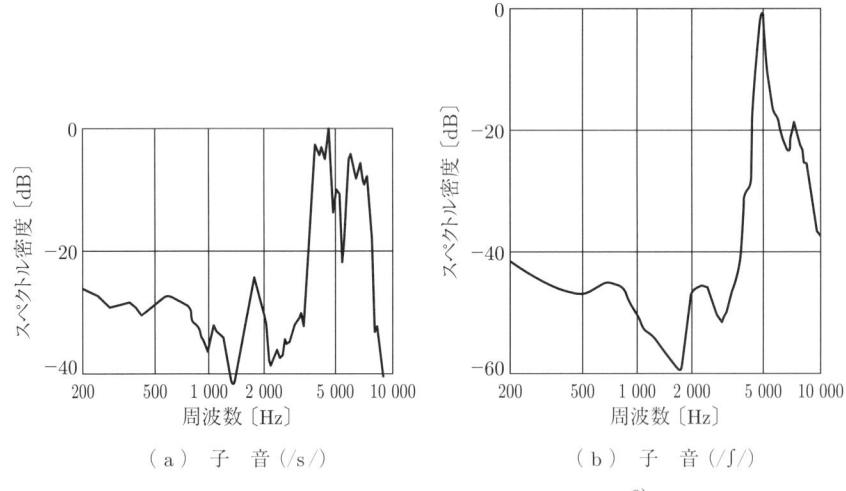

（a）子　音（/s/）　　　　　　（b）子　音（/ʃ/）

図 2.6　子音の周波数スペクトルの平均値の例[6]

　母音には比較的低周波数の成分が多いのに比べ，ここであげた摩擦音の子音では 5 kHz 前後の成分が優勢である。摩擦音，破裂音など白色雑音に近い音が子音の主要な要素であり，したがって一般に，母音を重視するときには比較的低い周波数成分が，子音を重視するときには高い成分が重要となる。

　音声信号では，パワーの面からも時間率の面からも母音を主とする周期波が

優勢である。周期波の瞬時値は前後の値からある程度予測することができるので，信号としては冗長なものである。モバイル電話システムのような音声信号のみを対象とするディジタルシステムでは，この性質を利用した信号圧縮が行われる。

2.1.3 音声聴取能の評価

音声の聞き取り評価には音節明瞭度と了解度が用いられる。**音節**とはひとかたまりに発音できる最小単位である。日本語の多くの音節は「母音」か「子音＋母音」で構成される。音節明瞭度試験では，カ，チャ，パなどの音節の音声を提示し，それが意味を考えずに聞き取れる割合（正答率，％）が**音節明瞭度**である。提示するのが 1 音節の場合には単音節明瞭度とも呼ばれる。日本語では，全音素 101 のうち「ン」を除く 100 音節を用いた音節明瞭度がおもに音声通信の評価用として用いられている。難聴の評価など臨床用としては，100 音節から拗音や濁音の一部を除いた 57 音節が多く使われている。

了解度はある言葉が理解できる割合（正答率，％）であり，単語了解度，文章了解度がある。文章了解度は提示音声の作成や採点が難しいため，現在では単語了解度がおもに用いられる。日本語の単語了解度試験用として，意味のある単語（有意味単語）の難易度を 4 段階に分け，それぞれの難易度の 50 語，あるいは 20 語からなる表（音表）が作成されている[7]。これ以外に，MOS（平均オピニオン評定（1.4.3 項参照））も音声品質の評価に広く用いられている。

音声の周波数帯域を制限すると音声の明瞭度が変化する。これにより，音声の聴取に必要な周波数帯域の推定等が可能になる。**図 2.7** は高域通過フィルタ（HPF）と低域通過フィルタ（LPF）を用いて周波数成分を制限した場合の音節明瞭度を示している。LPF の遮断周波数を上げていくにつれ通過する音声成分が増えて明瞭度が上昇する。遮断周波数が 3 kHz 以上になれば高い明瞭度が得られる。これは音声のほぼ 3 kHz 以下の成分があれば音声の聞き取りが十分できることを意味している。HPF では，遮断周波数を上げていくにつれ低周波数が削られ明瞭度が下がっていく。逆に，ほぼ 1 kHz 以上の成分があれば高い

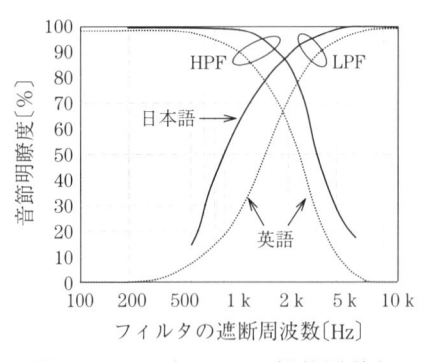

図 2.7 HPF と LPF の遮断周波数を
変化させたときの音節明瞭度[8]

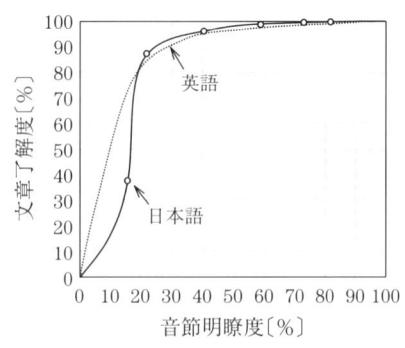

図 2.8 音節明瞭度と文章了解度の
関係[8]

明瞭度が得られることがみてとれる。通常の電話では，音声の自然性も考慮し，
300 Hz から 3.4 kHz までの周波数帯域が伝送される。

　音節明瞭度と了解度は密接に関係している。その関係を文章了解度の場合に
ついて**図 2.8** に示す。明瞭度が上がるにつれ了解度は急激に上昇する。日本語
と英語で少し傾向が違うものの音節明瞭度が 20〜30％ある聴取環境であれば
90％以上の文章了解度が得られる。これは文章のもつ冗長性によるものと考え
られる。単語了解度も傾向は同様である。日本語のやさしい単語を用いた場合，
音節明瞭度 35％の聴取環境で約 80％，音節明瞭度 45％では約 90％の単語了解
度が得られる[9]。

2.1.4　音響信号としての音楽

　マルチメディアシステムの扱う音響信号として，音声のほかに音楽信号があ
げられる。

　音楽信号の周波数，振幅の変化範囲は音声に比べて非常に広い。種々の楽器
と歌声の基本周波数を**図 2.9** に示す。会話音声の基本周波数よりはるかに広い
領域にわたっている。さらに，音楽信号には豊かな高調波成分が含まれ，その
上限は可聴限界周波数（約 20 kHz）を超える例も多い。

　また，音楽信号は大きさの分布も幅広く，室内騒音に近い小さな音から最大

図 2.9 楽器および歌声の基本周波数の範囲

可聴限以上の大きな音まで存在する。したがって，音楽信号を対象とするシステムは原則として，人の耳に聞こえるすべての周波数，振幅の音を対象としなければならない。

2.2 人の聴覚機能

2.2.1 耳の構造：マイクロフォンとの対比

耳の機能は入射した音の信号を身体内の電気信号に変換することであり，マルチメディアシステムに用いられるマイクロフォンの機能と相似である。

汎用のエレクトレットコンデンサマイクロフォンの構成例を**図 2.10** に示す。円筒形で，直径は約 6 mm 程度が一般的である。振動膜と背極とは平行平面コンデンサを形成しており，エレクトレット膜に静電荷が蓄えられているので，コンデンサの電極間には電位が発生している。図の上方から入射した音により振動膜が振動すると，これによる電気容量の変化に比例して電位が変化するの

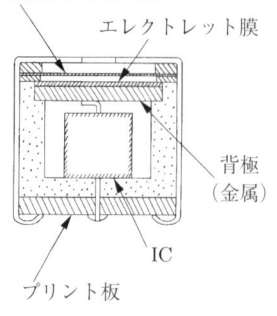

図 2.10　エレクトレットコンデ
ンサマイクロフォンの構成例

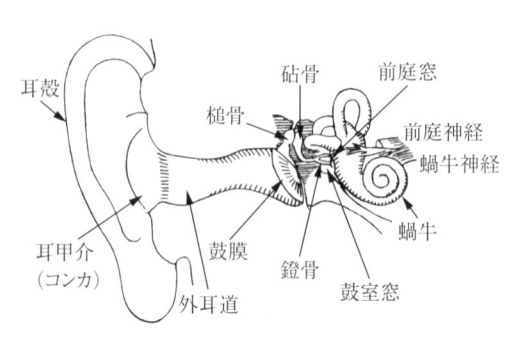

図 2.11　人の耳の内部構造

で，膜の変位に応じた交流電圧信号が内部の **IC**（integrated circuit）で電力増幅されて下面の電気端子に出力される。

　図 2.11 に人の耳の内部構造を示す。マイクロフォンの振動膜に相当するのは外耳道の奥にある鼓膜であり，これが外耳道に入射した音を受けて振動する。この振動が耳小骨と呼ばれる槌骨，砧骨，鐙骨を経て前庭窓に伝わり，蝸牛のなかを縦に二分するように配置された基底膜を振動させる。基底膜上には神経系の端末となる有毛細胞がおよそ 3500×4 列，計 $15\,000$ 個ほど並んでいる。4 列のうち一番内側の 1 列が内有毛細胞，残り 3 列は外有毛細胞と呼ばれる。

　基底膜の振動振幅の分布を**図 2.12** に模型化して示す。巻き貝状の蝸牛を引き伸ばして表示してある。振幅分布形状は周波数により異なっており，基底膜に沿っておよそ 3500 個が並んでいる内有毛細胞のうち，基底膜の振動が大きな範囲に位置する内有毛細胞の先端にある毛（ステレオシリア）が傾き，それにより電気信号（神経パルス）が発生する。したがって，入射した音が高い周波数なら前庭窓側の内有毛細胞群，低い周波数では奥のほうの内有毛細胞群から信号が発生する。このように，耳はマイクロフォンと異なり，基底膜上の内有毛細胞の段階で基本的な周波数分析を行っている。

　内有毛細胞からは，同時に一つではなく多くの細胞から信号が発生し，これらが並行して聴神経（内耳神経）経由で脳に送られる。この信号は多くの帯

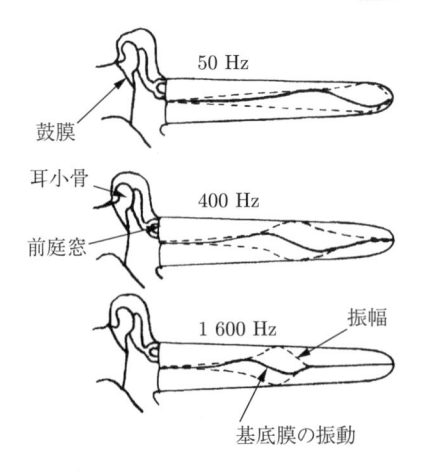

鼓膜

耳小骨

前庭窓

50 Hz

400 Hz

1 600 Hz

振幅

基底膜の振動

図 2.12 基底膜の振動振幅の分布

域フィルタの出力にたとえることができる。この概念は聴覚フィルタと呼ばれる。

┌─ コーヒーブレイク ─┐

難聴と補聴

　聴覚機能の低下により，聴力が低下している状態を難聴と呼びます。難聴は，外耳または中耳の音の伝搬経路の障害に起因する伝音性難聴と，外有毛細胞，聴神経など障害にする感音性難聴に大別されます。

　伝音性難聴では増幅によって音伝搬の減衰を補うことにより聞こえの改善が見込めることが多く，また手術が有効であることも少なくありません。

　一方，感音性難聴の多くは外有毛細胞の障害に起因しています。1985 年に外有毛細胞は入力する音信号に応じて伸縮することが発見されました。この伸縮により，基底膜の振動振幅が最大で 1000 倍ほど，つまり 60 dB 程度増幅されることが明らかになりました。そのため，外有毛細胞の機能が衰えたり，脱落すると最大で 60 dB ほど聞こえが悪くなるのです。

　また，この増幅作用は強い非線形性をもっています。そのため感音性難聴の多くでは，単なる増幅（線形増幅）では聞こえが十分回復しないのが普通です。また，本文にある「基底膜上の周波数分解能を大幅に上げる」働きも，この増副作用によるものなのです。そのため，感音性難聴では聴力の周波数分解能の劣化もしばしばみられます。したがって，感音性難聴には増幅ではなく障害を受けた聴覚の特性を補償するという考えに基づいた補聴器が必要です。

聴神経に伝わった信号はいくつかの神経節でさらに分析され, 脳の聴覚野に至るとより高度に分析されることになる。なお図 2.12 は von Békésy のノーベル賞につながった古典的な研究に由来するものだが, 近年の研究により, 生体の聴覚機能では, 外有毛細胞および神経系の働きにより周波数分解能を大幅に上げるような処理が行われていることがわかってきた。

2.2.2　耳に聞こえる音の大きさと高さ

同じ物理的な音圧の音でも人の耳の感度は周波数により異なる。正弦波音に対する耳の感度特性を表す**聴感曲線**（ISO 226[†]）を**図 2.13** に示す。縦軸は音圧レベルで純粋の物理量である。それぞれの曲線は人の耳で同じ大きさ（ラウ

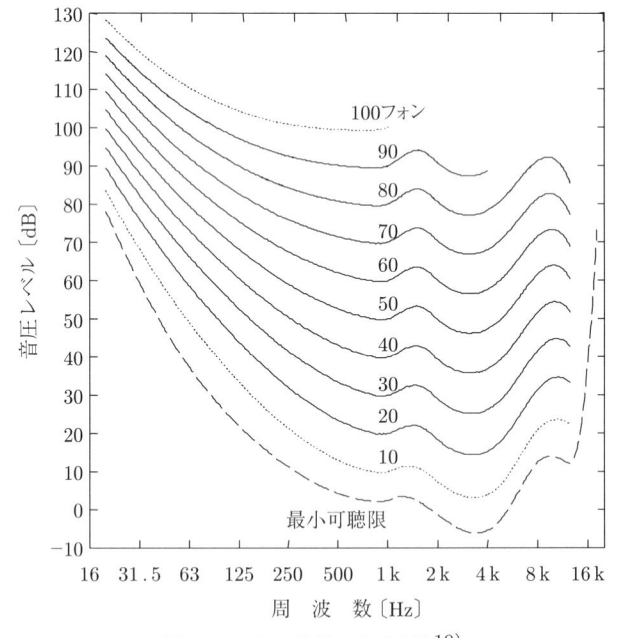

図 2.13　人の聴覚の聴感曲線[10)]

ドネス）に感じる音圧レベルを表す。そのため，この曲線は**等ラウドネスレベ
ル曲線**とも呼ばれる。例えば，1000 Hz，40 dB の正弦波音と 125 Hz，63 dB の
正弦波音は同じ曲線に乗っているので，同じ大きさに聞こえることになる。こ
の大きさを 1000 Hz での音圧レベル値で代表させ**フォン**（phon）で表す。例え
ば，125 Hz，63 dB の正弦波音の大きさは約 40 フォンとなる。

　図 2.13 より，人の耳は 10^3 倍にわたる比周波数範囲の音を，10^{12} 倍より広
い強さの範囲で聞いていることがわかる。また，耳に聞こえる最小の音（聴覚
の刺激閾）は図の破線で表され，最小可聴限と呼ばれる。なお，人の耳の感度
は 3〜4 kHz で最も高い。これは外耳道内の空気の共振によるといわれている。

　音の大きさは，ある音の強さだけが変化する場合，音の強さが高まるにつれて
単調に増加する。一方，音の高さ（ピッチ）は，音の基本周波数の上昇に従って
高く聞こえるものの，**図 2.14** に示すように三次元のらせんモデルで表される。
らせんの縦軸は，鍵盤の右に行くほど音が高くなる形の単調増加の性質を表し，
これを**トーンハイト**と呼ぶ。一方，音の高さには循環的な性質もある。白鍵 8
つ離れた 1 オクターブ離れた音の高さは，いずれもドやラなど同じ音名で呼ば

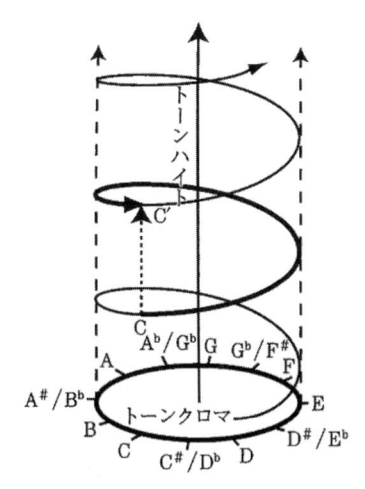

図 2.14 らせんモデルによる
音の周波数と高さの関係

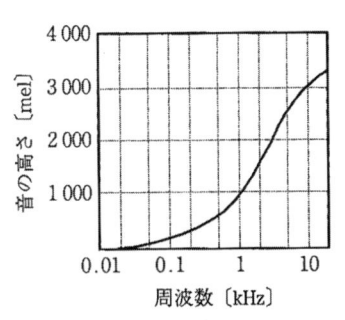

図 2.15 純音の周波数と音の高さ
（mel）の関係

れるように共通する循環的な性質が知覚される。この性質は図でらせんの円環で示され，トーンクロマという。

1 オクターブは物理的に周波数が 2 倍の違いとなるが，周波数が 2 倍となってもトーンハイトの意味の高さが 2 倍になるとは限らない。純音の周波数と心理的な音の高さとの関係は**図 2.15** のように求められている。この心理量は比率尺度（1.4.1 項参照）である。単位は mel（メル，melody に由来）で，1000 Hz の純音の音の高さを 1000 mel と定めている。図をみると 1000 mel（1000 Hz）の半分の高さ（500 mel）の純音の周波数は 414 Hz となっており，オクターブ下の音（500 Hz）では 2 倍の高さに達していない。一方，1000 Hz 以上では，音の高さがほぼ周波数の対数に比例している。これらの関係は次式で表される。

$$\mathrm{mel} = \left(\frac{1000}{\log_{10} 2} \right) \log_{10} \left(\frac{f}{1000} + 1 \right) \qquad f \text{ の単位は〔Hz〕} \qquad (2.1)$$

図 2.15 に示す特性はフィルタバンクの設計，音声符号化のための音声特徴量の抽出などさまざまな形で応用されている。

2.2.3　聴覚マスキング

ある周波数の大きな音があると，それに近い周波数の音が聞こえにくくなり，最小可聴限（図 2.13 の破線）が上昇する。これを**聴覚マスキング**と呼び，**マスキング**（masking）と略称する。

図 2.16 はマスキング現象の説明図であり，横軸は周波数，縦軸は最小可聴限の上昇量を表す。図 (a) のように周波数 f_0，音圧レベル β_N〔dB〕の正弦波音が別の正弦波音でマスクされる場合を考える。二つの正弦波音が近い周波数になるほど最小可聴限が実線のように上昇し，これより低いレベルの正弦波は聞こえなくなる。周波数が等しくなれば最小可聴限の上昇量は β_N に一致するはずだが，実際には周波数が非常に近いとビート（うなり，音のふわつき感）が感じられるので検知しやすくなり，最小可聴限は実線のようにやや下降する。また，最小可聴値より少しだけ高いレベルの音は聞こえはするが，ラウドネスが小さくなり聞きづらくなる。この現象を部分マスキングと呼ぶ。

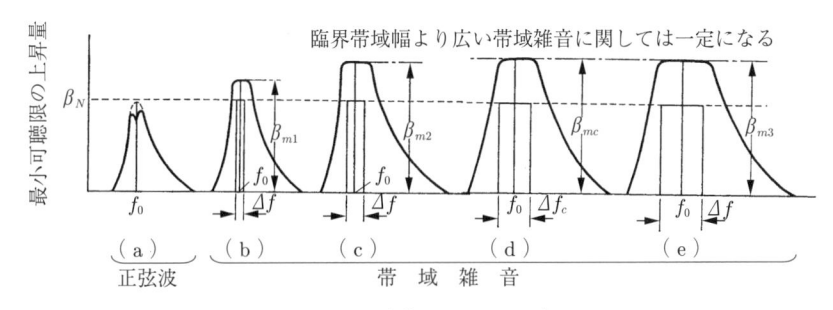

図 2.16 聴覚マスキング現象

図 (b)〜(e) に示すように，白色（一定連続スペクトル）の帯域雑音による正弦波音のマスキング現象は図 (a) とはやや異なる。帯域雑音の中心周波数を f_0，帯域幅を Δf，1 Hz 当りのパワーを β_N〔dB〕とすると，最小可聴減の上昇量はそれぞれ実線のようになり，f_0 付近では β_N より大きくなる。この差 $\beta_m - \beta_N$ は，両信号のパワー比に対応する。例えば，白色雑音の帯域幅が 10 Hz ならこの差は 10 dB，20 Hz なら 13 dB となる。

しかし，帯域幅 Δf がある値 Δf_c より広くなると上昇量 β_m は増加せず一定となる。この境界の帯域幅を**臨界帯域幅**（critical bandwidth）と呼び，聴覚の特性量として知られている。マスキングに関与するのは臨界帯域幅の範囲の周波数成分のみである。臨界帯域は基底膜の振動パターンによって生じる生理的な帯域フィルタ（聴覚フィルタ）に起因するものである。

周波数と臨界帯域幅との関係を**図 2.17** に実線で示す。これは Zwicker らによるもので，その後の研究により修正提案もあるが，後述する高能率符号化ではこれを参照している（5.2.2〜5.2.4 項参照）。破線は比較のための 1/4 オクターブ帯域幅を示すものである。1000 Hz 以上では臨界帯域幅はおおむね 1/4 オクターブ帯域幅に近くなると考えてよい。

聴覚マスキングの性質は，ディジタルシステムにおける音響信号の圧縮に用いられる（5.2.4 項参照）。

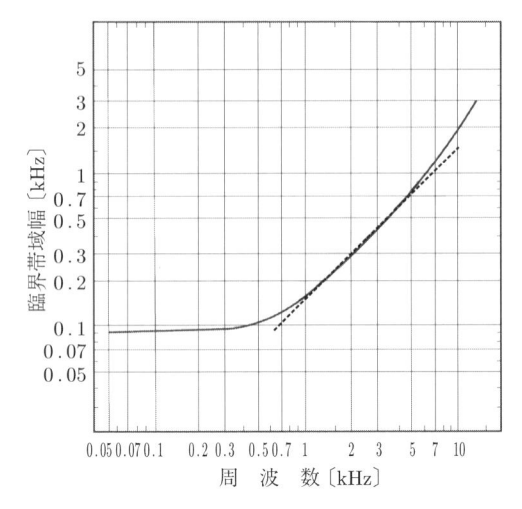

図 2.17   周波数と臨界帯域幅の関係（破線は 1/4 オクターブ帯域幅を示す）

2.2.4   両耳効果とステレオフォニック

人は音の大きさ，周波数のみならず入射方向も知覚することができる。一般にこの能力は目の方向知覚からの類推で，耳が左右二つあるためと考えられてきたが，上下の方向も知覚できる，片耳でも入射方向がある程度知覚できるなどの事実より，人は頭部や耳介（耳たぶ）の音場効果など両耳以外の手掛かりも利用していることがわかった。

また，人は図 2.18 の A，B のように左右に並べた二つのスピーカから同じ信号を放射すると中央 C に音源があるように感じる。これを虚音像と呼ぶ。2 チャネルステレオ方式が大きな実用性を発揮している理由は，こうした耳の特性を用いてバーチャル音場を形成できることにある。これは視覚における色の三原色合成による知覚に対比される，人の知覚の興味ある性質である。左右のスピーカは正面に対して左右それぞれ 30° の方向に置くのが標準的とされている。

さらに，スピーカ B を 34 cm（音が 1 ms かけて走る距離）後退させて D に移すと，音像は A の位置に移動する。これを先行音定位効果（ハース効果）と呼ぶ。このとき，D の出力を 5 dB 増やすと音像は C の位置に戻る。このように，人の耳の方向知覚では時間とレベルとはトレードオフの関係になっている。

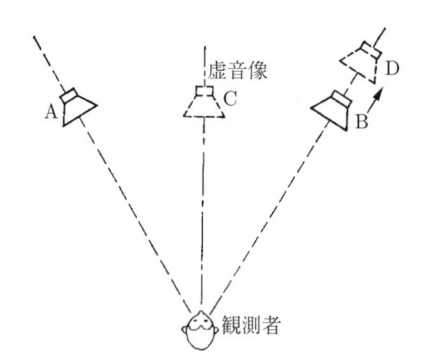

図 **2.18**　虚音像の発生と
先行音定位効果

　この性質を用いると，振幅のみを変化して音像の定位を制御することができ
る。このため，録音を多数のチャネル（例えば数十チャネル）で行い，後でこ
れらの信号の音量などを調整してミックスダウンし，少数チャネルの信号にま
とめることが広く行われている。

　2チャネルを用いた音響信号の伝送，記録，再生方式には，記録方法（マイ
クロフォンの使い方），再生方法（スピーカかヘッドフォンかなど）に応じて**表
2.1** のような分類がある。ステレオフォニックとバイノーラルを総称してステ
レオと呼ぶことがあるが，前者を前提に録音された信号を後者で再生すると音
源が頭のなかに定位してしまうなど，両者の聴感には差異がある。

　ディジタルテレビジョン放送，DVD（digital versatile disc）の普及とともに

表 **2.1**　種々の2チャネル記録再生方式

	記録方法	再生方法
ステレオフォニック (stereophonic)	空間の2点にそれぞれマイクロフォンを配置して記録	二つのスピーカを左右に配置して音場で聴取
バイノーラル (binaural)	同上。ただし，HATS を用い，両耳の位置にマイクロフォンを配置して録音するのが合理的とされる。	2チャネルのヘッドフォンを用いて聴取
モノフォニック (monophonic)	空間の1点にマイクロフォンを配置して記録	一つのスピーカを用いて音場で聴取
モノーラル (monoaural)	同上	イヤフォンを用いて片耳で聴取

5チャネル（前3，後2）を用いる多チャネルステレオフォニック方式が用いられるようになった。ITU-R（International Telecommunication Union Radio communication Sector）より勧告されている標準配置は2チャネルステレオ方式の前方左右のスピーカを正面左右 $40°$ に置き，これに加えて正面および後方左右それぞれ $70°$ の方向にスピーカを追加し，計5チャネルとするもので，五つのスピーカへの距離は同じ値とする。

すべてのスピーカに最低音まで再生させると大形のスピーカが多数必要になり，また，人の耳は $150\,\mathrm{Hz}$ 以下の低周波数の音に対してはあまり方向感覚がないとされているので，低周波数の放射を受け持つスピーカ（サブウーファ，位置は任意）を別に設置する，いわゆる 5.1 サラウンドステレオフォニック方式が受け入れられている。サブウーファを用いれば，本来の5チャネルのスピーカは極低音の放射を省略して小形化することができる。

2.3　人 の 視 覚 機 能

2.3.1　目の構造：カメラとの対比

図 **2.19** にカメラの構成の概要を示す。凸レンズで撮像面に形成される実像を半導体撮像素子で電気信号に変換する。レンズは材料の異なる複数のレンズ素子を組み合わせてひずみや色ずれを補正し，理想的な1枚の凸レンズとして動作するように構成される。絞りはレンズの口径を変化させ，入射する光量を調整するものである。撮像面は半導体感光素子で，長波長（赤），中波長（緑）短波長（青）または白からこれらを減算したシアン，マゼンタ，黄に感度のピークをもつ3種類の素子の組合せからなる（2.3.4項参照）。

人の目の構造の概略を図 **2.20** に示す。丸い部分が眼球でカメラと同様の構成となっており，水晶体がレンズ，虹彩が絞り，網膜が撮像素子に相当する。網膜はカメラの撮像面と匹敵するほど広く，目の視野は左右 $\pm90°$ 以上，上下 $\pm60°$ に達する。

網膜の構造を図 **2.21** に示す。この図はネコの場合であるが，網膜の構造は

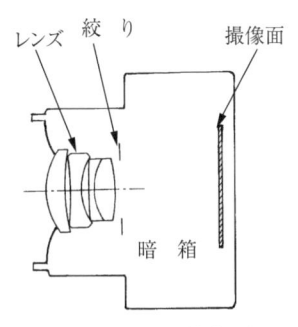

図 2.19 カメラの構成の概要

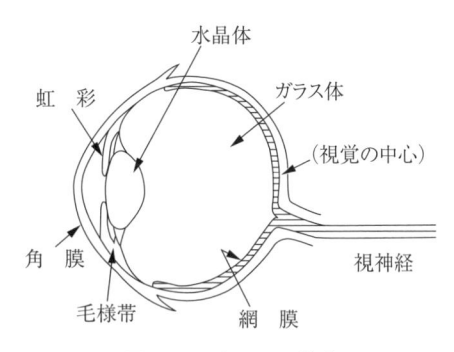

図 2.20 人の目の構造

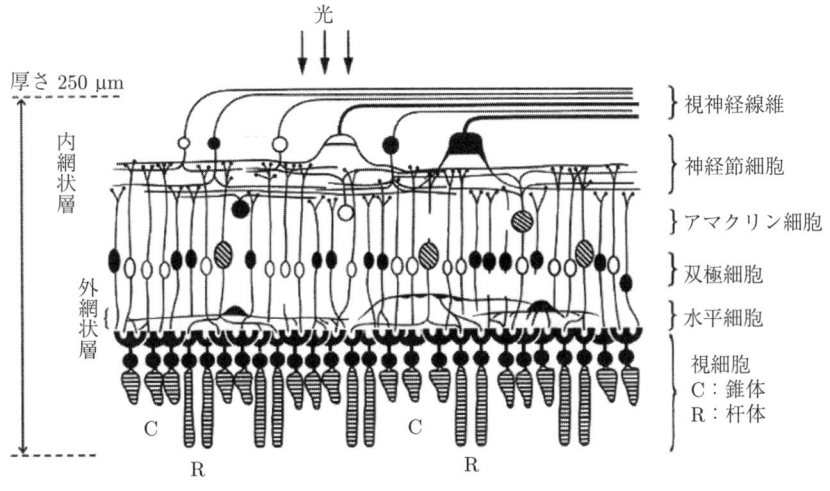

図 2.21 網膜の構造[11]

脊椎動物に共通である。網膜の一番奥には錐体と杆体（桿体とも記す）2種の視細胞がある。杆体は暗いときに働く視細胞で，中心視野以外のところに広く分布しており，中心視野の近傍には多く分布する。錐体は網膜全体にあるが特に中心から数度以内の狭い範囲に集中しており，明るいときに働く。錐体には赤，緑，青に感度のピークをもつ3種類がある。これは人間が色を感ずる機能の基盤であり，カメラの三原色分解による撮像方式の根拠となる。水晶体は1枚の凸レンズである。カメラでは焦点（ピント）調節はレンズの移動によるの

が主流であるが，目では毛様帯により水晶体の厚さが変化し，焦点距離を調節する。虹彩は入射光量を調節する。水晶体による実像は網膜で電気信号に変換され，神経を通して脳に送られる。

2.3.2　目 の 分 解 能

ものの細部を見分ける能力を視力という。視力の測定手段として，**図 2.22** のようなランドルト環が知られている。視角 $1'$（$1/60°$）の切れ目を見分ける能力を視力 1 とする。正常な人の視力は 1 とされている。

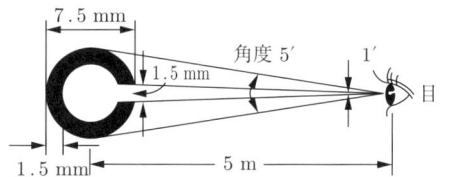

図 **2.22**　視力検査用
ランドルト環

米国やわが国のアナログテレビジョン方式の標準となっていた NTSC（National Television System Committee）方式では走査線の数を 525 本としていた。視力 1 の人がこの画面を見て走査線が気にならない最短距離は，画面の高さの 6〜8 倍となる。

2.3.3　目 の 感 度 特 性

人の目の感度周波数特性を表す標準比視感度曲線を**図 2.23** に示す。明所視と暗所視とで異なるが，おおむね波長 380〜700 nm の範囲の光を見ることができる。したがって，比周波数帯域は 2 倍弱である。一方，明るさの範囲は晴れた日なたの 10 万 lx 以上から月明かりの夜の 0.001 lx 程度まで，10^8 の範囲を見ることができる。

図 2.24 は光の波長に対する錐体と杆体の感度特性を示している。杆体は緑の光に対する感度が高く，図 2.23 の暗所視の感度と同様の特性になっている。一方，錐体は前項で述べたように赤，緑，青に感度のピークをもつ赤錐体，緑錐体，青錐体の 3 種類があり，それぞれおよそ 570 nm，540 nm，420 nm に感

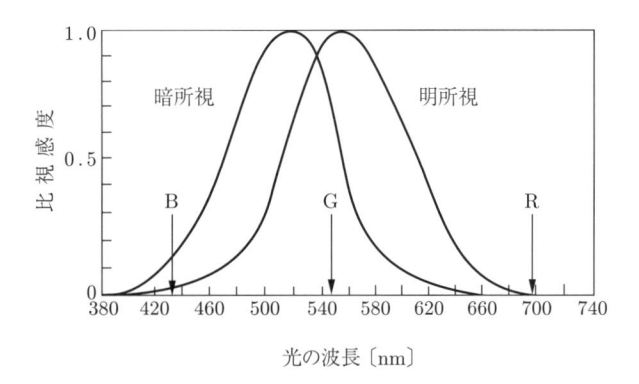

図 2.23　人の目の標準比視感度曲線

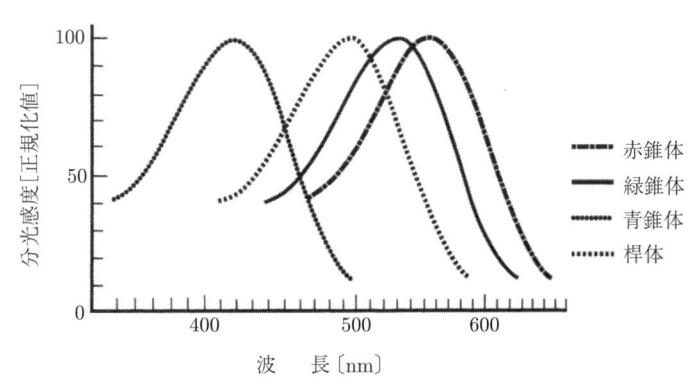

図 2.24　光の波長に対する人の視細胞の感度特性[11]

度のピークをもつ。網膜に移った像は，これら 3 種の錐体によって 3 色に分解され脳に送られる。

2.3.4　色感と三原色

図 2.23 に示したように人の目は 700〜380 nm の範囲の波長の光（電磁波）を感じることができる。波長は色に対応しており，虹の七色といわれる赤，橙（だいだい），黄，緑，青，藍（あい），菫（すみれ）（青紫）の色の光がこの波長の範囲に連続して並んでいる。この並びを光のスペクトルと呼ぶ。また，特定の波長に対応する光は単色光と呼ばれ，その組合せで白を含む種々の色が表現される。

しかし人の目には，赤，緑，青の三つの色の光を組み合わせ，それぞれの強さを調節することにより，白をはじめとして可視光に属するほとんどの色を認識させることができる。これは，聴覚において左右二つのスピーカのみで音源を種々の位置に定位して感じさせることができるステレオ受聴と対比される興味ある性質であり，写真，映画，テレビジョンなどによるカラー画像の伝送，記録，再生に活用されている。

CIE（国際照明委員会）ではこの三色の波長を，**図 2.25** に示すように赤（R）：700 nm，緑（G）：546.1 nm，青（B）：435.8 nm と決めた。G，B は低圧水銀灯で得られる光であり，R は図 2.23 の明所視の長波長側の限界に近い。これを RGB 表色系と呼ぶ。R：G：B＝243.9：4.697：3.506 という強さの比で混合すると，目では白色に感じられる。

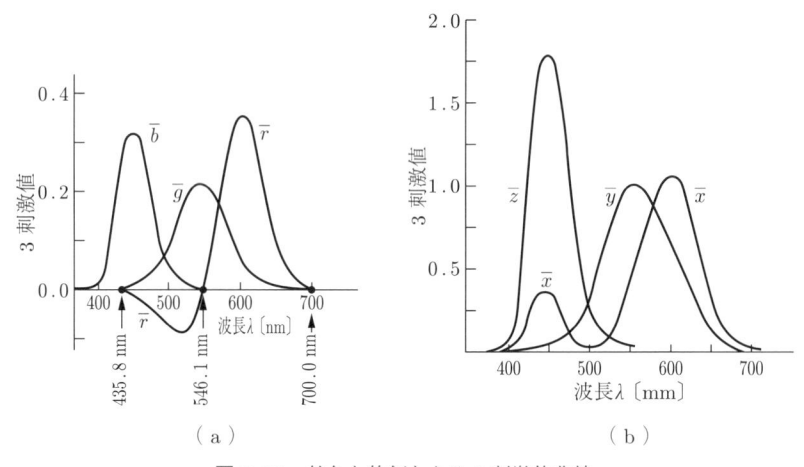

（a）   （b）

図 2.25 純色と等価となる 3 刺激値曲線

ある色の光サンプルと同じ色感を与える上記三色の混合比を実験で求めると図 (a) のようになる。ただし，縦軸は上記の白色となる組合せで正規化してある。ここで 500 nm 付近（青緑色）だけは三色加算で表現できず，逆にサンプル光に赤光を加えることにより同じ色感の組合せが得られたので，係数が負となったものである。

そこで，R，G，B の強さの値を

$$\begin{bmatrix} X \\ Y \\ Z \end{bmatrix} = \begin{bmatrix} 2.768\,9 & 1.751\,8 & 1.130\,2 \\ 1.000\,0 & 4.590\,7 & 0.060\,1 \\ 0 & 0.056\,5 & 5.594\,3 \end{bmatrix} \begin{bmatrix} R \\ G \\ B \end{bmatrix}$$

と変換するとスペクトル曲線は図 (b) のようになり負の係数が現れない。これ
を XYZ 表色系と呼ぶ。ここで

$$x = \frac{X}{X+Y+Z}, \quad y = \frac{Y}{X+Y+Z}, \quad z = \frac{Z}{X+Y+Z} \tag{2.2}$$

と変換し，全体の明暗の値で正規化してある。

　明暗の要素を除いたため，これらの x, y, z の間には

$$x + y + z = 1 \tag{2.3}$$

が成立するので，このうちの二つで色を表すことができる。$z = 1 - x - y$ と
して，x と y による直交座標系で表すと**図 2.26** の xy 色度図のようになる。3
けたの数字はその色（純色）の光の波長を表す。

　図の外周は左に傾いた釣鐘状の曲線と下辺の直線からなる。曲線は単色光軌
跡（スペクトル軌跡）と呼ばれ，その上に赤～菫色まで，700～380 nm の範囲
の波長に対応する色が並んでいる。これらの単色光の色（純色）の組合せ（混
色）で内部の種々の色が表される。下辺は純紫軌跡と呼ばれて菫色と赤との混
色を表し，紫色はこの範囲にある。なお，図では便宜上異なる色の間に境界線
を示してあるが，実際には連続変化である。

　しかし，前述したように，人の目は 3 種の単色光を混合して種々の色の光を感
じさせることができる。赤，緑，青からほかの色をつくることを加法混色と呼
ぶ。加法混色では色を加えると明るくなり，すべて混合すると白になる。これ
対して，インクや絵の具を用いて紙に印刷，描画する場合もやはり 3 種の色で
ほとんどの純色をつくれるが，色を加えると暗くなり，すべて混合すると黒に
なる。これを減法混色という。減法混色では黄，シアン（青緑），マゼンタ（赤
紫）を用いる。なお，両者の概念を**図 2.27** に示す。

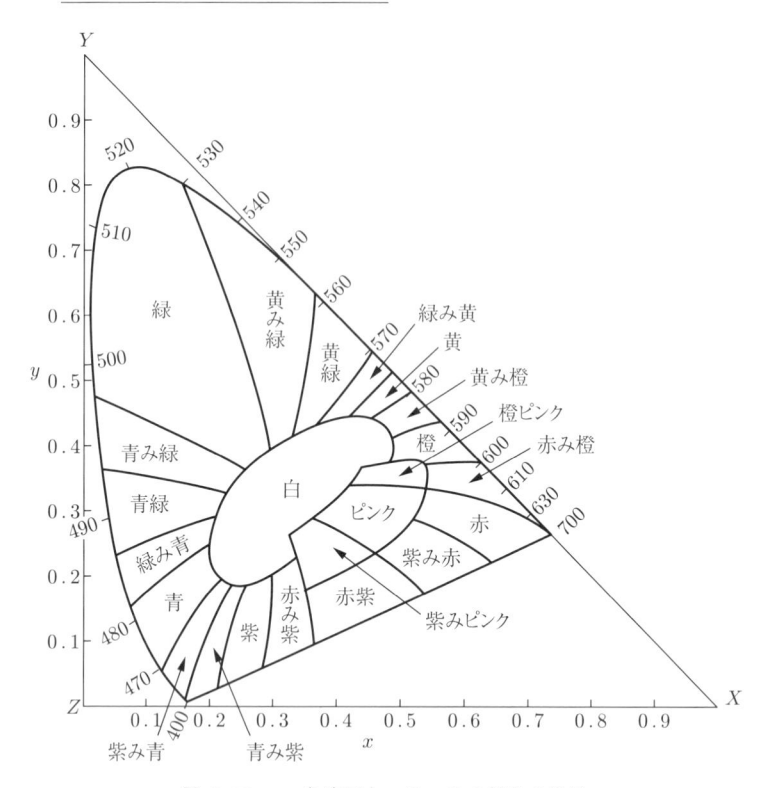

図 2.26 xy 色度図といろいろの純色の位置

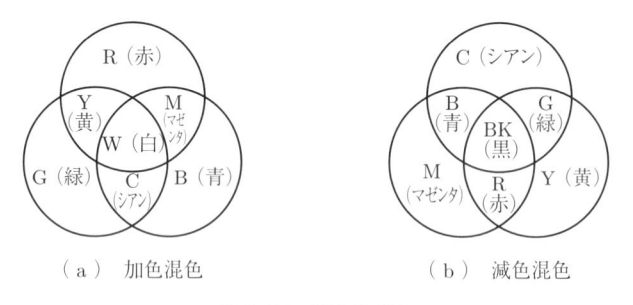

（a）　加色混色　　　　　　（b）　減色混色

図 2.27 混色の概念

　テレビジョンやコンピュータのディスプレイ，銀塩写真のリバーサルカラーフィルムでは加法混色を用い，カラープリントや写真のネガカラーフィルム（ベースが橙色なのでわかりにくいが）は減法混色となっている。

2.3.5　フリッカの感覚

断続する光は目にちらつきを感じさせる。これを**フリッカ**（flicker）と呼ぶ。**図 2.28** は明るさを正弦波で振幅変調した光のちらつきの視覚的検知限である。図 (a) は変調度の検知限（閾値変調度）と変調周波数との関係を示し，点が上にあるほど閾値変調度が小さな値となる（低い変調度でも気が付く）ことを表す。パラメータの troland は網膜照度の単位である。目は 10〜20 Hz の変化に対して最も鋭敏であり，50 Hz 以上ではちらつきを感じにくくなることがわかる。

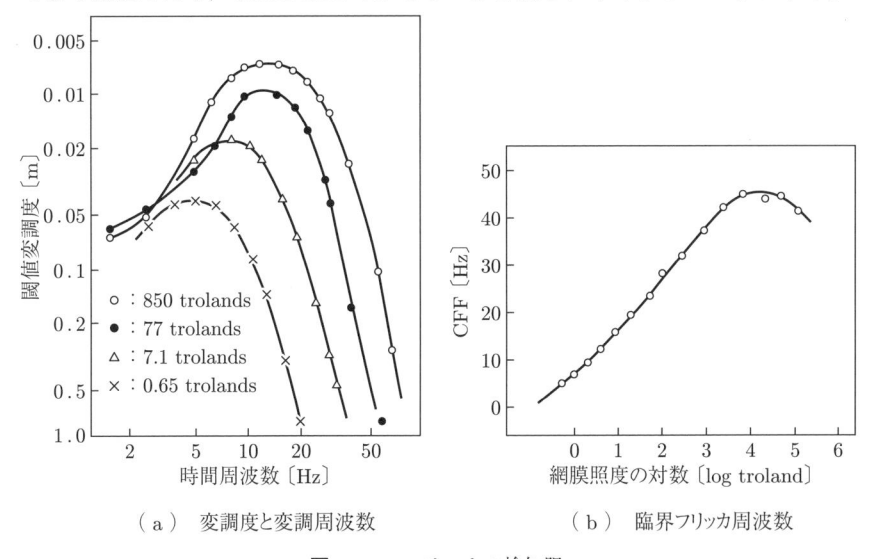

（ a ）　変調度と変調周波数　　　　　（ b ）　臨界フリッカ周波数

図 2.28　フリッカの検知限

図 (b) は臨界フリッカ周波数（critical flicker frequency：CFF）の測定結果である。ある限度の明るさ以下では，目は明るいほど速い変化を感じることができる。この範囲では CFF 値 f_0 と明るさ L とは

$$f_0 = a \log L + b \tag{2.4}$$

このような関係となるとされている（a, b は定数）。これをフェリー・ポータ（Ferry-Porter）則と呼ぶ。

映画や通常のテレビジョンの 1 秒当りの画像数はこれを踏まえて，ちらつきを感じにくい範囲でなるべく少ない値に決められたものである。

2.4　人のマルチモーダル感覚情報処理機能

2.4.1　視聴覚情報のマルチモーダル知覚の基本特性

　聴覚や視覚，触覚など，それぞれの感覚の種別を**感覚モダリティ**（感覚種）と呼ぶ。私たちの脳はそれぞれの複数の感覚モダリティを通じてたえず入ってくる信号を分析，再構成することによって有意義な情報を見いだしている。このような情報には，前節までに記したように，聴覚であればラウドネスや音の高さ，視覚であれば明るさや色などの個々の知覚情報がある。

　感覚モダリティはそれぞれ特徴をもっている。聴覚と視覚についていくつかの特徴をまとめると**表 2.2** のようになる。脳は，周囲の環境をより正しく適切に捉えるため，このように異なった特性をもつ複数の感覚モダリティから同時並行的に入力される情報を解析，統合，再構成するための情報処理を行っている。これをマルチモーダル感覚情報処理と呼ぶ。このマルチモーダル感覚情報処理において，それぞれの感覚モダリティの情報の統合と相互作用は，かつて考えられていたよりもはるかに密接であることが明らかになってきている。

表 2.2　聴覚モダリティと視覚モダリティのおもな特性

	中枢までの情報伝達時間	情報受容範囲	空間分解能	時間分解能
聴覚	$\sim 10\,\mathrm{ms}$	全方位	$\fallingdotseq 1°$（正面）	$10\,\mathrm{\mu s}\sim$
視覚	$\sim 50\,\mathrm{ms}$	左右：$\geqq 90°$ 上下：$\pm 60°$	$1'$（視力 1.0　中心視野）	$20\,\mathrm{ms}\sim$

　以下，聴覚と視覚のマルチモーダル感覚情報処理における情報統合，相互作用について，いくつかの例を見ていく。

2.4.2　腹 話 術 効 果

　ある感覚情報が他の感覚情報で変容する古典的な例は腹話術効果である。これは，腹話術師が発声しているにもかかわらず，それとは位置が異なる人形の口から声が聞こえてくる現象に由来する命名である。

　かつてのテレビジョンの音声信号はモノフォニックで，画像と画面の外にあるスピーカの音像との位置ずれが必然的に生じていた。近年は大画面化が進み，スピーカ配置が課題となっている。そのため画像と音像の位置ずれという工学的観点から，腹話術効果に関する研究が行われている。**図 2.29** は，画面中央にメトロノームを表示したときの，音の提示方向と聞こえてくる方向との関係を示している。注意が音にも払われている場合（●）には音の聞こえてくる方向が提示方向とほぼ一致しているのに対し，映像のみに注意を払った場合（■）は音の提示方向が ±15° ずれても，ほぼ正面から聞こえていることがわかる。

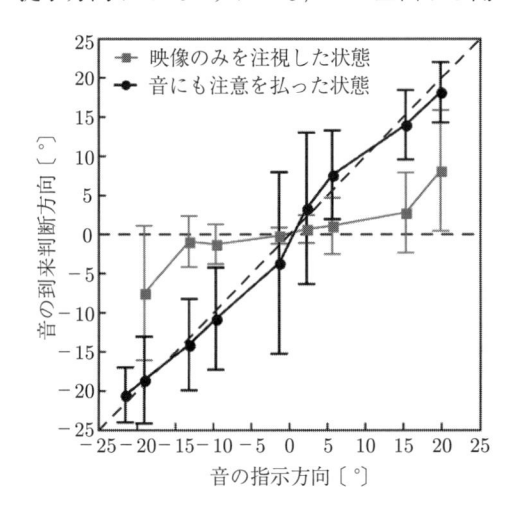

図 2.29　腹話術効果の実験例[12)]

　この効果が生じる時間幅も調べられている。それによると，腹話術効果が見られるのは，音声が 200 ms 遅れる時間範囲までとなっている。この 200 ms という時間幅は腹話術効果に限らない。後述の通過反発事象やマガーク効果など，さまざまなマルチモーダル感覚情報統合において 200 ms 程度の長さの時間幅が観測される。

　腹話術効果は，視覚の中心視野のほうが聴覚より高い空間分解能をもつことから，視覚優位の判断が行われたために生ずると理解される。一方，逆の現象も知られている。画面上に位置は変わらずに点滅する線分を提示し，点滅に合わせて音の提示位置を左右，あるいは上下に行き来させると線分が同じ方向に動

いて見える。これは音誘導性視覚運動（sound-induced visual motion：SIVM）と呼ばれる。この現象は，聴覚の空間分解能が視覚よりむしろ高くなる周辺視野で顕著に観察される。

このように，ある状況，環境において信頼性の高い感覚モダリティの情報に重きをおいた処理が行われることはマルチモーダル感覚情報処理の一般的性質と考えられる。実際，複数の感覚情報入力からどのような知覚結果が得られるかを，ベイズの定理を用いて計算した尤度が最大となることを規範として推定すると，多くの場合，知覚結果をよく表現できることが知られている。ここでベイズの定理とは，ある事象の事前確率と事後確率の関係を示す定理である。

2.4.3　通過・反発事象

物体がぶつかれば音を出す。人が話をすれば口が動いて音声が発せられる。弦がはじかれれば音が出る。このように，空間内における視覚情報の変化と音の発生とはある意味で不可分の関係にある。このように異なった感覚モダリティから得られた情報が同じ事象（イベント）から生じたものであると見なすことが可能な場合，マルチモーダル感覚情報の統合や相互作用が強く表れる。

聴覚と視覚の時間特性を調べると，聴覚のほうが視覚よりはるかに優れた時間分解能を有している。そのため，時間領域の情報が鍵になる場合にも聴覚優位のマルチモーダル感覚情報処理が行われうる。

その典型例が通過・反発事象である。図 2.30 のように，コンピュータディスプレイ上で二つの物体（この例では黒丸）が直線状に接近し交差した後も動き続ける映像を提示する。この場合，これら二つの物体が出合った後，それぞれ

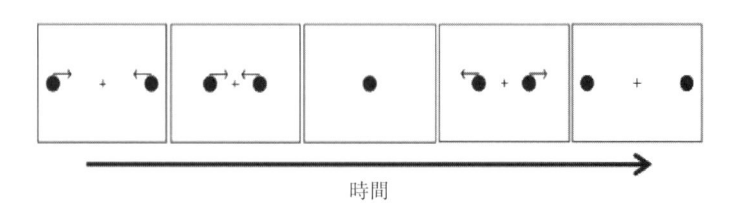

時間

図 2.30　通過・反発刺激の典型例[13]

の物体が運動方向を変えない（通過事象）か，方向が戻ったように見える（反発事象）かの2種類の見え方がありえる。通常は通過事象に見えることが多い。しかし，2物体が出合ったときに短音を提示すると反発事象の知覚が圧倒的に多くなる。これは衝突に音が伴うことによって衝突，反発という事象がより明瞭に把握できることを意味している。

2.4.4 空間における視覚と聴覚情報の同時判断

いま光と音を同時に発する物体が観測者からある距離にあるとしよう。光速（約 3×10^8 km/s）と音速（15°C で約 340 m/s）の違いにより，物体が観測者から1m離れるごとに音のほうが約3msずつ遅れて到来する。

しかし私たちが日常生活においてその遅れを意識する場合はそれほど多くはない。例えば，通常の音楽ホールでは演奏者と観客の距離が30mくらいになることがまれではないが，演奏と音のずれが感じられることはまずないだろう。また，ボウリングのファウルラインからピンまでの距離は約24mであるが，ボールがピンに当たるときに打音のずれを感じることもほとんどない。

とすれば，離れたところに置かれた物体から発せられる光と音の同時判断にあたっては，音の伝搬に要する時間が反映されていると考えられる。図 **2.31** は，それを確かめた実験結果の例である。実験では，光源から発せられた短い光とほぼ同時に発せられる短音が同時だと感じられる時間差が測定された。図

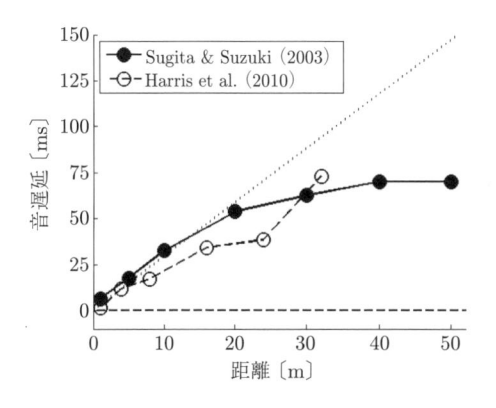

図 **2.31** 同時と判断されるときの視聴者位置における音と光の時間差[14]

の横軸は光源の距離，縦軸は観測者の位置における光に対する音の遅れ時間である。点線は距離が完全に補正されている場合，破線は観測者位置で物理的に同時の場合を示す。この図から，距離 30 m 程度までであれば，脳が同時と判断するのは観測者に光と音が届いたときではなく，光源の位置において同時であるとき（つまり観測者の位置では距離に応じて音が伝搬するのに必要な時間だけ音が遅れて提示されたとき）であることがわかる。

2.4.5　読　唇　効　果

音声知覚に関しても強い視聴覚統合が見られる。その代表例が**読唇効果**（lip-reading）である。これは音声の聞き取りが，話者の映像，特に唇の動きによって改善される現象である。例えば，通常の会話の距離で騒音がある場合，視力がおよそ 0.3 以下では音節明瞭度が低下することが知られている。

高齢者や難聴者は話速を遅くすることで，音声の聴き取りが向上する。もし話速だけを遅くし映像はそのままにすれば，音声の時間長が伸びるため時間ずれが生じる。**図 2.32** は，時間を伸ばした単語音声と映像を開始点が一致するように提示した際の単語了解度を示している。この図の破線は音声を伸ばさな

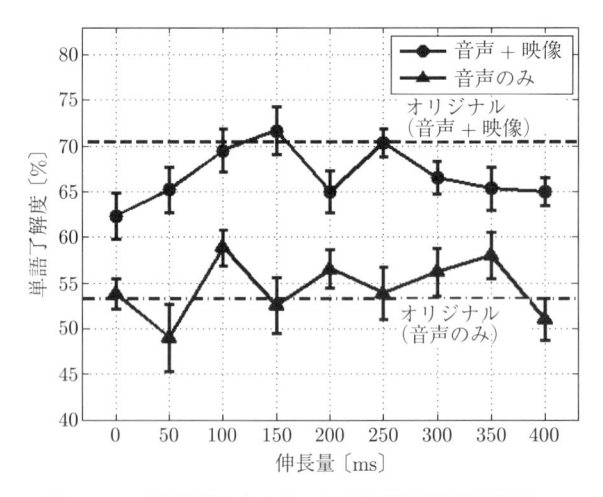

図 2.32　時間伸長音声を用いた視聴覚提示単語了解度の
　　　　　伸長時間による変化[15)]

いオリジナルの刺激の単語了解度を示しており，読唇効果が 15%以上に及ぶことを示している。また，時間を延ばした場合のデータ（●と▲）を比べると，単語の時間長を伸ばしても読唇効果が得られることがわかる。

2.4.6　マガーク効果

音声知覚に関する視聴覚統合としてマガーク効果が広く知られている。これは，調音点（声を作る音の通り道が一番狭まるところ）が口唇にある子音（p や b）の音声と，調音点が口腔の後方の軟口蓋にある子音（g や k）の話者映像を合成して提示すると，調音点がその中間位置の歯茎や硬口蓋にある子音（t や d）の音声として知覚されうるという現象である。例えば，/パ/ という音声を/カ/と発生している映像に合わせて提示すると，かなりの割合で/タ/と聞こえる。マガーク効果は，音声信号に雑音が重なって SN 比が低いなど聴取がしづらいときに顕著に表れる。

以上，聴覚と視覚に関するマルチモーダル感覚情報処理を紹介してきたが，臨場感や迫真性といった高次感性情報を高めるには，それ以外にも手触りなど触覚や，全身振動や姿勢などの情報が有効であることが知られている。マルチメディアシステムの高度化に向け，マルチモーダル感覚情報処理の理解がさらに進み，活用されていくことを期待したい。

2.5　システム設計における人の感覚の性質への留意点

ここまで説明した人の感覚の性質において顕著なことは，脳，神経系統の高度な処理機能が物理的に不完全なセンサの特性を補完していることである。

例えば，2.2 節で紹介したエレクトレットマイクロフォンでは，微小な音圧への追従性をよくするため振動膜には厚さ 10 μm 以下の軽いプラスチック膜が用いられ，またマイクロフォン自体による音波の回折，反射を少なくするため小形化が追求される。これに対して，人の鼓膜は中耳内耳の構造物と結合されていてそれほど軽量ではなく，また人の頭部の回折，反射は耳に入射する音に大

きな影響を及ばしている。人は生まれて以来の生活における学習によって，これらの影響を回避する信号処理能力を獲得しているわけである。

また，2.3 節で紹介したカメラでは，画像のひずみ，色ずれなどの収差を除去するため多種のガラスを複数枚組み合わせた複雑な構成のレンズを用い，またフィルムや撮像素子の欠陥や不均一は徹底的にチェックされる。これに対して，人の目の水晶体はただ 1 枚のレンズであり，網膜の光電変換性能もさして精密なものではない。人は学習に由来する信号処理によってこれらの不完全性を救済し，高度な受容機能を発揮しているのである。

このため，人の受容能力や不満を感じない許容範囲は一定不変ではなく，生活環境からの学習によって変化する。例えば，電話通話における信号遅延は対話に際して不快感を与えるものとして厳しくチェックされてきたが，1990 年代中期以降に爆発的に普及した携帯電話システムでは多少の信号遅延が不可避なため，ユーザはこれに慣らされ，信号遅延に寛容になったといわれる。このため固定電話システムでも，遅延を伴うが安価な処理系を導入してコストダウンを図る例がみられるようになった。もちろんこれとは逆に，環境の変化により許容限界が厳しくなることもある。

したがって，人の使用を前提とするマルチメディアシステムの設計にあたっては物理的条件のみならず，人がその時代の環境から影響されることによる社会通念の変化にも注意を払い，性能の許容範囲などを吟味しなければならない。

レ ポ ー ト 課 題

人の聴取できる最低周波数を極限法によって求める実験の例が『精神測定法』[16]に記述され，『聴覚と音響心理』[17]にも紹介されている。

(1) 実験の内容と結果を紹介せよ。

(2) この実験は，例えば信号サンプルの発生に電気を一切用いていないなど古典的な手法をとっている。現在これを追試するとしたらどのような実験をすべきか，精度や能率にどの程度の改善が期待できるかを論ぜよ。

第 3 章

アナログシステム技術

3.1　音響信号のアナログ伝送とラジオおよび電話

　電子通信システムの使命は，音響信号，画像信号などを人が直接知覚できる範囲よりはるかに遠方に送り届けることである。また，伝達される情報がなるべく大量であって多くの人々の要求に同時に応えられること，すなわち多重伝送も要求される。

　直接伝送，例えば音響の波形をそのままアナログ電気信号波形として伝送するのは最も簡単であって，電話システムが実用化されたとき以来行われてきた。しかし，ケーブルの設置を気にせずどこにでも送れるようにしたり，多くの人に向けて一斉に送り届けるたりするには電波の利用が便利である。その場合，送りたい信号をそれより周波数がずっと高い，搬送波（キャリア）と呼ばれる信号に載せて送ることが考えられた。そのような操作を**変調**（modulation）と呼び，これから元の信号波形を復元することを**復調**（demodulation）と呼ぶ。

　この技術は多重伝送にも有用である。音響信号を電話程度の品質で伝送するには 4000 Hz 程度の周波数範囲が必要である。ここで，例えば 1 MHz（1 000 000 Hz）の正弦波を搬送波として用意すると，この 4000 Hz 幅の信号を 1 000 000 000～1 004 000 Hz の周波数範囲に変換することができる。変換後の比帯域はわずか 1.004 倍と小さいため，その上下に同じ周波数幅の帯域を複数とって一緒に送るのは難しくない。受信時に同じ周波数幅の帯域フィルタで分離し復調を行う。こうすれば，数多くの音響信号を異なる周波数帯域に配置して同時に伝送する

ことができる。複数の周波数帯域を用いる多重化方式を周波数分割多重化方式と呼び，アナログシステム技術の好例とされる。

　ここでは，このような技術の例としてラジオ放送および 1990 年代まで電話回線に用いられていた技術を紹介する。いずれも 3.2 節で述べるアナログテレビジョン技術の基盤となるものである。

3.1.1　AMと中波放送

中波（medium frequency：**MF**, 図 1.3）を搬送波に用いる**振幅変調**（amplitude modulation：**AM**）による音響信号の放送（ラジオ放送）は歴史の古い電波応用分野である。世界初のラジオ放送は 1920 年に米国で開始された。わが国の放送開始は 1925 年であった。現在の電波割当てでは，搬送波の周波数範囲 526.5 kHz（波長 570 m）～1 606.5 kHz（187 m）が世界各国共通のラジオ専用帯で，地域によってはこれより広い例もある。

　わが国で搬送波として決められている周波数は**表 3.1** のとおりである。以前は 10 kHz 間隔で配置されていたが，発展途上国への周波数割当ての増加などのため，1978 年 11 月 23 日より 9 kHz 間隔に変更された。

表 3.1　中波 AM 放送のチャネルと周波数

チャネル番号	1	2	⋯	119	120
割当周波数	531 Hz	540 Hz	この間 9 Hz おき	1593 kHz	1602 kHz

　例えば，NHK 東京第一放送は 8 チャネル（594 kHz，波長 432 m），民間放送の TBS は 48 チャネル（954 kHz，314 m）の搬送波を用いて放送している。搬送波の波長が長いので送信には大形のアンテナを必要とするが，反面，小さな障害物の影響は受けない。このため受信可能な範囲が比較的広く，例えば 1 か所の送信用アンテナで関東地方一円（半径約 100 km）をサービス範囲とすることが可能である。

（ 1 ）　**AM変調波**　　ここで AM 信号の性質を吟味しよう。信号波は可聴周波数 f_s〔Hz〕の正弦波，搬送波は例えば 1000 倍程度高い周波数 f_0〔Hz〕の

正弦波とする。

$$s(t) = A_s \cos(2\pi f_s t) \tag{3.1}$$

$$e(t) = A_0 \cos(2\pi f_0 t) \tag{3.2}$$

ただし，A は振幅を表す。

$e(t)$ を $s(t)$ で振幅変調した波（AM 波）は式 (3.3) で与えられ，**図 3.1** のような波形をもつ。

$$
\begin{aligned}
u(t) &= A_0(1 + m\cos 2\pi f_s t)\cos 2\pi f_0 t \\
&= A_0 \cos 2\pi f_0 t + \frac{mA_0}{2}\cos 2\pi(f_0 + f_s)t + \frac{mA_0}{2}\cos 2\pi(f_0 - f_s)t
\end{aligned}
\tag{3.3}
$$

ただし，m は A_s と A_0 の比で，変調度と呼ばれる。

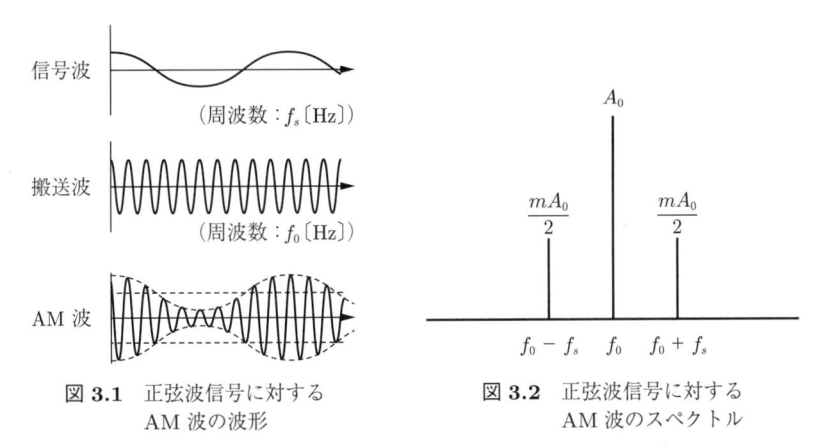

図 3.1 正弦波信号に対する AM 波の波形

図 3.2 正弦波信号に対する AM 波のスペクトル

周波数領域では，この AM 波の波形は**図 3.2** のように線スペクトルで表される。

図 3.3 に示すように音声，音楽など低周波数から高周波数まで有限の帯域幅をもつ信号に搬送波となる高周波の正弦波を加え，変調を行うための非線形回路（例えば乗算回路）を通して和および差周波数の信号を形成し，バンドパス

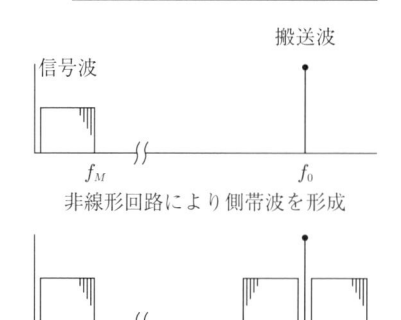

図 3.3　周波数帯域幅をもつ信号に
対する AM 波の形成

フィルタで搬送波と上下の側帯波を取り出せば AM 波が得られる。信号の上限周波数を f_M とすると，この信号による AM 変調波は $f_0 - f_M$ から f_0 付近までの下側帯波と，心付近から $f_0 + f_M$ までの上側帯波からなる。

　AM 波の大きな特徴は復調が簡単なことである。図 3.1 より想像されるように，ダイオードなどにより半波または全波整流し，ローパスフィルタを通して元の信号波を得る簡単な回路を用いれば原信号波形が得られる。

　図 3.3 より知られるように，9 kHz 間隔で配置されている AM 放送では隣のチャネルと干渉せずに伝送できる信号の上限周波数は 4.5 kHz となるが，実際には，地理的に近い放送局を離れた周波数に配置するなどの方法で混信などの不都合が生じにくいよう配慮し，±7.5 kHz の範囲に送信パワーの 99.5％ を収めるようにしているのが実態である。したがって，AM 放送の帯域幅は約 7 kHz と考えてよい。ただし後述するように，市販の多くの AM 受信機の周波数帯域の実態はこれより狭いようである。

（ 2 ）　信号のプリエンファシス　　プリエンファシスとは，聴覚に影響の大きい高周波数の雑音を低減するため，送信側であらかじめ信号の高周波数領域を強調して送信する技術である。3.1.3 項で述べるように FM 放送では一般的に用いられているが，AM 放送は元の音響信号の波形をそのまま放送するのが原則だったため用いられていなかった。

　しかし，多くの聴取者が使用している小形安価なラジオでは，雑音を低減するため高周波数帯域（例えば 2 kHz 以上）をなだらかに減衰させる例が多い状

況を踏まえて，1982 年以降，放送局の判断で導入されるようになった。

3.1.2 DSB，SSB，VSB と周波数分割多重電話伝送システム

AM 変調波形では搬送波は信号の情報を含まないので，取り除いて伝送しても原信号を再現できる。このため，AM 波の搬送波を取り除き，送信電力を節約した**両側波帯**（double-sideband：**DSB**）変調が用いられる。また，上側帯波，下側帯波はいずれも同じ信号の情報を含んでいるのでいずれか一方を取り除き，片側の側帯波のみを伝送しても受信側では原信号を再現できる。この方法を**単側波帯**（single-sideband：**SSB**）変調と呼ぶ。

（**1**）　**DSB，SSB の変調と復調**　　図 **3.4** に DSB 変調と SSB 変調のスペクトルを示す。図では下側帯波を用いる SSB の例を示してあるが，上側帯波を用いることもある。

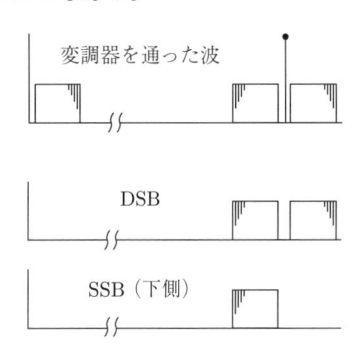

変調器を通った波

DSB

SSB（下側）

図 3.4　DSB 変調と SSB 変調の　　　　スペクトル

受信側では搬送波（周波数は既知）をつくって加算してから非線形回路を通すと差信号として原信号が得られる。これをローパスフィルタで取り出せば復調できることになる。

（**2**）　**電話信号の周波数多重伝送方式**　　SSB 変調はアマチュア無線電話など使用できる周波数帯域が限られている場合に用いられる。さらにこれを高度に利用した例として，1990 年代まで用いられていた電話の信号を周波数分割で**多重化**（frequency division multiplex：**FDM**）し，電話回線を経済的に使用する技術があげられる。

　周波数多重伝送方式の概念を図 **3.5** に示す。電話機間でやり取りされる電話信号の周波数帯域は 300〜3400 Hz とされ，その伝送には 4 kHz が割り当てられる。多数の電話信号をそれぞれ異なる周波数（f_1，f_2，f_3，…）の搬送波により AM 変調波の下側帯波とする。これらを加算すると 12 kHz の帯域に三つの電話信号が多重化された信号が得られる。それぞれの電話信号を伝送する周波数範囲をチャネルと呼ぶ。復調は変調の逆の手順で，目的のチャネルを帯域フィルタで取り出し，元の音声信号の周波数帯域に戻せばよい。

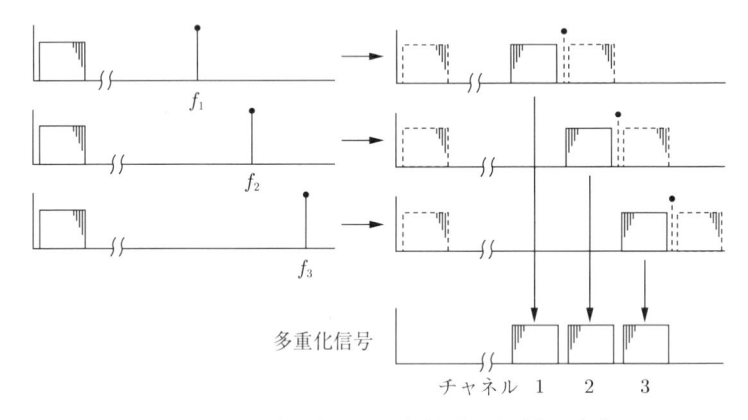

図 **3.5**　SSB 変調を用いた電話信号の多重伝送方式

　なお，ここでは**下側帯波**（lower-sideband：**LSB**）を用いた例を示した。上側帯波（upper-sideband：**USB**）を用いてもよいが，スペクトルの上下が反転した下側帯波は秘話性に優れているという見解がある。

　多重化した信号を一つの信号波とみなしてさらに多重化していくと，数多くのチャネルを能率よく多重化できる。例えば，240 kHz の帯域があれば 60 チャネルの多重化が可能である。

　このように，技術開発により使用可能な上限の周波数帯域を広げることは伝送チャネルの増大に直結する。

　例えば，同軸ケーブルによる伝送方式では 60 MHz まで伝送可能なので，60 チャネルのグループ（群）をさらに 5 倍 ×3 倍 ×4 倍 ×3 倍 =180 倍とさらに 4 段階に多重化して，上り下り 2 本の同軸ケーブルで 4476〜59 684 kHz の周波

数帯域を用いて 10 800 チャネルの電話通話を伝送した。この方式は光ファイバによるディジタル大容量伝送方式に交代するまで広く使われた。

（**3**）　**直流分も伝送できる VSB**　　信号の直流分または超低周波数の成分を伝送する必要がある場合は，搬送波を抑圧してしまう DSB，SSB 方式は不適当である。通常の AM 変調はこれに対応できるが，広い占有周波数帯域を要する。

直流分の伝送と比較的狭い占有周波数帯域を両立させる方式が，**図 3.6** に示す**残留側波帯**（vestigial-sideband：**VSB**）**変調**である。AM 変調された高周波信号を搬送波周波数の付近でなだらかな遮断特性をもつフィルタに通して VSB 信号を得る。復調は SSB と同じ要領で行うが，このとき，例えば右図の搬送波の左側の成分が右に折り返されて重なるので，復調された信号は直流から平たんな特性となる。

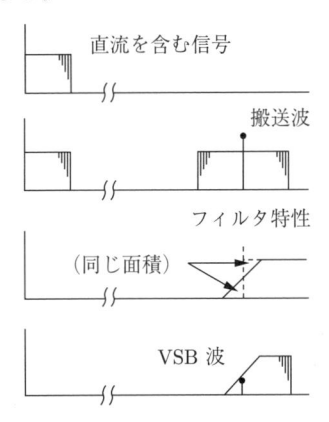

直流を含む信号

搬送波

フィルタ特性

（同じ面積）

図 3.6　VSB を用いた
変調方式

VSB 波

VSB は後述するアナログテレビジョン伝送方式で中核の変調方式である。

3.1.3　FM と超短波ステレオラジオ放送

VHF（very high frequency，超短波，図 1.3）による放送はテレビジョン技術の中核として進歩した。これを用いた**周波数変調**（frequencymodalation：**FM**）による音響信号（ラジオ）放送も AM 放送を補完するものとして 1940 年代より普及した。

　後述するように，FM 方式は AM 方式に比べ同じ周波数帯域の信号に対する放送波の周波数占有帯域が広いので，音響信号を効率よく多重化するためには AM 方式に比べ高い周波数の搬送波を用いる必要がある。したがって，VHF 以上の周波数で放送しなければならない。使用する周波数領域は国，地域により異なる。例えば，米国では 88〜108 MHz を使用している。日本では 3.2.1 項で述べるように 90〜108 MHz がアナログテレビジョン放送に用いられていたため，76 MHz（波長 3.95 m）〜90 MHz（3.33 m）の周波数範囲が長く用いられていた。全国のテレビジョン放送がディジタル化されたことから 90 MHz 以上の活用検討が始まった。2011 年 3 月の東日本大震災で災害時，非常時のラジオ放送の重要性が再認識された。そこでラジオ放送の強靱化を目指し，90〜95 MHz を用いて AM 放送局が FM 方式で補完放送を行う拡張が行われた。これは，AM 放送より鉄筋コンクリートや鉄骨構造の建物内ではよく聞こえることから，特に都会部におけるラジオ放送の受信環境を強化するためである。

　その結果，わが国で決められている FM ラジオ放送の搬送波の周波数は 76.1〜94.9 MHz までを用いており，間隔は 100 kHz（0.1 MHz）とされている。例えば，NHK FM 東京は 82.5 MHz，民放の東京 FM は 80.0 MHz の搬送波を用いて放送している。また，AM では 954 kHz で放送している TBS は 90.5 MHz でも放送を行っている。

　FM 放送への移行をさらに促進するため，108 MHz までの拡張が進められている。そこでは，FM 放送と同じ方式を用いて防災行政無線の情報を送る FM 防災情報システムの整備も進められている。

　VHF 波放送は中波放送に比べ搬送波の波長が短いため直進性が強く，電波の届くサービス地域は原則として放送用アンテナが見える範囲に限られるので，地域密着形の放送に適している。

（1）　**FM変調波**　　信号が正弦波の場合の FM 波の波形を図 **3.7** に示す。空電雑音など外部からの放送電波への擾乱は振幅の乱れとして加えられることが多い。これを受信側で振幅制限器を用いて取り除いても周波数の変化には影響がないので，FM 方式は AM，SSB 方式などに比べ雑音耐性の優れた伝送

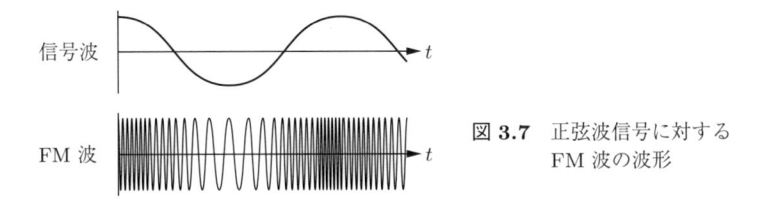

図 **3.7** 正弦波信号に対する
FM 波の波形

が可能である。高忠実度の音楽放送に適しているとされる理由はここにもある。

FM 信号の性質を吟味しよう。信号波は可聴周波数 f_s〔Hz〕の正弦波，搬送波は例えば 10 万倍程度高い周波数 f_0〔Hz〕の正弦波とする。

$$s(t) = A_s \cos(2\pi f_s t) \tag{3.4}$$

ここで，A は振幅を表す。

式 (3.5) で与えられる搬送波を信号波により周波数変調（FM）した波（FM 波）の角周波数 ω は，式 (3.6) で与えられる。

$$e(t) = A_0 \cos(2\pi f_0 t) \tag{3.5}$$

$$\omega = 2\pi f_0 + 2\pi \Delta f \cos(2\pi f_s t) \tag{3.6}$$

ここで，Δf は最大周波数偏移である。これを時間で積分すると FM 波の位相の瞬時値が求められ，FM 波は式 (3.7) で与えられる。

$$
\begin{aligned}
u(t) = A_0 \cos\left(\int \omega dt\right) &= A_0 \cos\left\{2\pi f_0 t + \frac{\Delta f}{f_s} \sin(2\pi f_s t)\right\} \\
&= A_0 \cos\left\{2\pi f_0 t + \beta \sin(2\pi f_s t)\right\}
\end{aligned} \tag{3.7}
$$

ただし

$$\beta = \frac{\Delta f}{f_s} \tag{3.8}$$

を変調指数と呼ぶ。

式 (3.7) は式 (3.9) のように展開され，側帯波が求められる。

$$u(t) = A_0 J_0(\beta) \cos 2\pi f_0 t$$

$$+ A_0 J_1(\beta) \cos 2\pi (f_0 + f_s)t$$

$$- A_0 J_1(\beta) \cos 2\pi (f_0 - f_s)t$$

$$+ A_0 J_2(\beta) \cos 2\pi (f_0 + 2f_s)t$$

$$- A_0 J_2(\beta) \cos 2\pi (f_0 - 2f_s)t$$

$$+ \cdots \tag{3.9}$$

ここで，$J_n(\beta)$ は n 次の第一種ベッセル関数である。

スペクトル構成を図示すると**図 3.8** のようになる。AM と異なり側帯波が無限に発生し，調波構造は複雑となる。

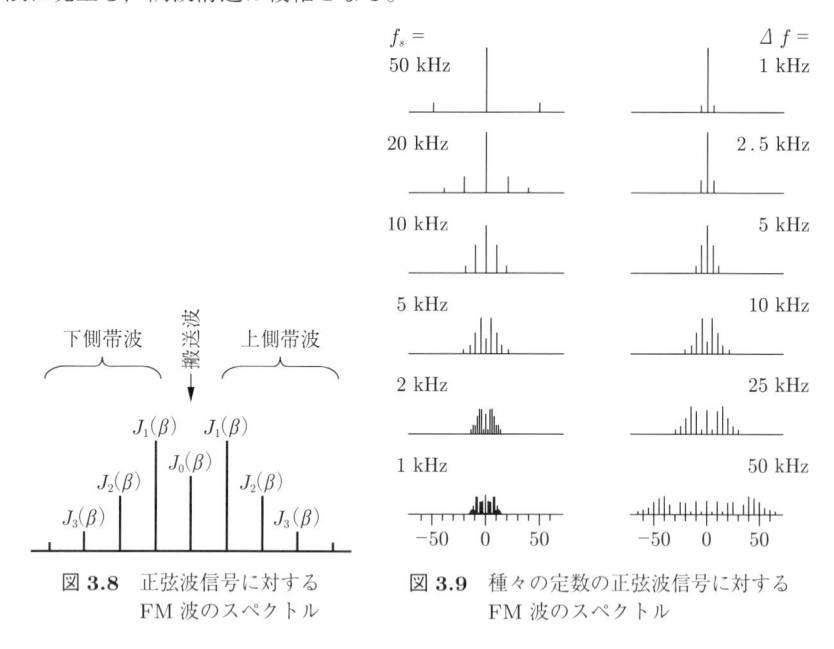

図 3.8　正弦波信号に対する
FM 波のスペクトル

図 3.9　種々の定数の正弦波信号に対する
FM 波のスペクトル

しかし，実際には変調指数 β がそれほど大きくなければ搬送波から遠い周波数の側帯波の振幅は小さいので，一定の周波数幅の帯域フィルタで抑圧しても振幅変化がわずかに発生する程度で大きな問題は生じない。特に，β が小さいときにはベッセル関数は

$$\begin{cases} J_0(\beta) & \approx 1 \\ J_1(\beta) & \approx \dfrac{\beta}{2} \\ J_2(\beta) & \approx 0 \end{cases} \tag{3.10}$$

と近似され，また $J_3(\beta)$ 以降は $J_2(\beta)$ より小さいので

$$u(t) \approx A_0 \cos 2\pi f_0 t + \frac{A_0\beta}{2} \cos 2\pi(f_0 + f_s)t - \frac{A_0\beta}{2} \cos 2\pi(f_0 - f_s)t \tag{3.11}$$

と近似され，調波構造が AM の場合と相似の狭帯域 FM 波となる。ただし，AM とは側帯波の位相が異なるため，送出波形の振幅はほぼ一定である。

$u(t)$ のスペクトルの実例を**図 3.9** に示す。図の左は周波数偏移 Δf を 10 kHz 一定として信号周波数 f_s を変化した場合，右は信号周波数 f_s を 5 kHz 一定として周波数偏移 Δf を変化した場合である。いずれの場合も大部分のパワーは $\pm\Delta f$ の範囲に収まっていることがわかる。

前述のように FM 放送のチャネルは 100 kHz 間隔で配置されているので，放送局ごとの最大占有周波数帯域幅は ±50 kHz となるが，VHF 帯の電波は MF，**HF**（high frequency）帯に比べ遠方に届きにくいので，実際の放送では放送局のチャネル配置を工夫し，最大占有周波数帯域を ±100 kHz としている。音響信号の周波数帯域は 15 kHz 程度となっている。

（**2**）　**信号のエンファシス**　　音声，音楽信号は低周波数成分に比べ高周波数成分が少ないので，高周波数での **SN 比**（信号対雑音比）が不十分な値となりやすい。そこで**図 3.10** のように高周波数領域を強調して放送し，受信側ではこれを逆の特性で抑圧することが行われる。前者をプリエンファシス，後者をディエンファシスと呼び，**エンファシス**（emphasis）と総称する。

FM 放送で用いられるエンファシス特性の時定数は 50 μs なので，放送にあたり約 3.2 kHz [†]以上の信号波成分が強調されることになる。

[†] 時定数が τ のエンファシスを与えると 3 dB 以上強調されるのは $f = 1/2\pi\tau$ 〔Hz〕以上の周波数となる。

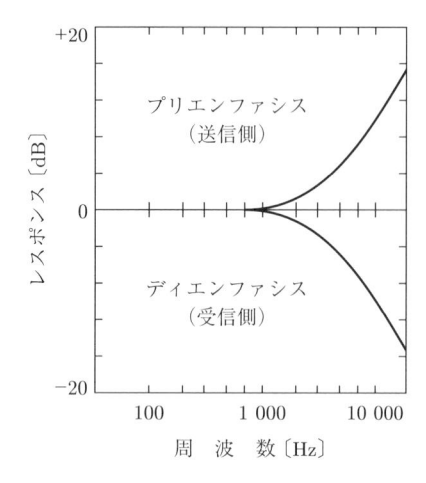

図 **3.10**　プリエンファシス
とディエンファシス
（時定数 50 μs の場合）

（**3**）　**サブキャリヤを用いたステレオ信号の伝送**　　FM 放送は AM 放送に
比べ伝送帯域に余裕があるので，ステレオ音響信号など複数の信号を多重化し
た放送が行われている。

　信号周波数成分の構成を**図 3.11** に示す。左右 2 チャネルのステレオ信号か
ら右（L）と左（R）の和（L+R）および差（L−R）をつくり，和信号成分は
そのまま送信する。ステレオ受信機能などのない旧形の受信機はこの和信号成
分のみを受信すればよく，既存のシステムとの**両立性**（compatibility）が確保
される。

　差信号成分は 38 kHz を搬送波とする振幅変調（AM，実際には搬送波を抑圧
した DSB 変調）信号とし，放送信号に加える。差信号があるとき，すなわちス

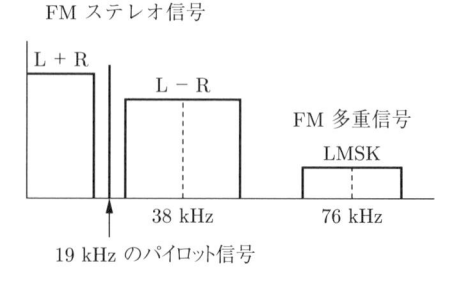

図 **3.11**　FM 放送チャネルの信号周波数成分の構成

テレオ信号のときにはさらにパイロット信号と呼ばれる 19 kHz の正弦波信号を加える。受信機はパイロット信号の有無を監視してステレオ放送か否かを検出し，パイロット信号があればその周波数の 2 倍の信号をつくることにより正確な差信号成分の搬送波を得て復調する。

さらに，信号周波数の上限 100 kHz までの部分を利用して文字多重放送などのための信号成分が用意され，ニュース，交通情報などの提供に用いられている。

3.2　動画像のアナログ伝送とテレビジョン

テレビジョン技術の研究は 1920 年代より行われていたが，その信号伝送にはラジオと異なり 1 チャネル当り 6〜8 MHz という広い周波数帯域が必要なので，100 MHz 以上の VHF 帯を扱う電子技術の開花を待って送信機，受信機が実用化されることとなった。世界最初のモノクローム（白黒）テレビジョン放送は英国で行われたが，その方式は定着しなかった。一方，米国で 1945 年より開始された走査線 525 本，毎秒 30 画面のモノクローム放送は急速に普及し，1953 年にはカラー放送化される。

世界で標準化されているアナログカラーテレビジョン放送方式としてはNTSC，PAL，SECAM の 3 方式がある。わが国は米国と同じ NTSC 方式を採用した。いずれも旧来の白黒テレビジョン方式との互換性を保ちながら画像信号をカラー化，音響信号を 2 チャネルステレオ化したものであり，周波数帯域幅は白黒方式と同じ（NTSC 方式では 6 MHz）に抑えられている。

アナログカラーテレビジョン方式は，3.1 節で述べた種々の変調，復調方式の見本市の感があり興味深い。ここでは NTSC 方式を取り上げて解説する。

テレビジョン放送では，搬送周波数をおおむね 100 MHz 程度以上としなければならないので，VHF 帯または **UHF**（ultra high frequency：極超短波，図 1.3）帯の搬送波を用いる。わが国では**表 3.2** のような周波数帯域にチャネルが配置された。VHF 帯の 3 チャネルと 4 チャネルとの間には移動無線，アマチュア無線などに使われる周波数帯域があるので周波数が飛んでいた。

表 3.2 わが国のアナログテレビジョン放送（地上波）で用いられた周波数帯域

		チャネル	周波数	利用期間・備考
VHF	V-Low	1～3	90～108 MHz	1953～2011/2012*
	V-High	4～12	170～222 MHz	1953～2011/2012*
UHF		13～62	470～770 MHz	1968～2011/2012*
SHF		63～80	12.092～12.2 GHz	1979～2015，難視聴対策用

* 東日本大震災のため岩手県と宮城県，福島県では 2012 年 3 月まで放送された

3.2.1 放送すべき信号の周波数成分と音響信号

図 3.12 に示すように 1 チャネル当りの帯域は 6 MHz で，各チャネルの下限周波数から 1.25 MHz 上に映像信号の搬送波，さらにその 4.5 MHz 上に音響信号の搬送波が置かれている。

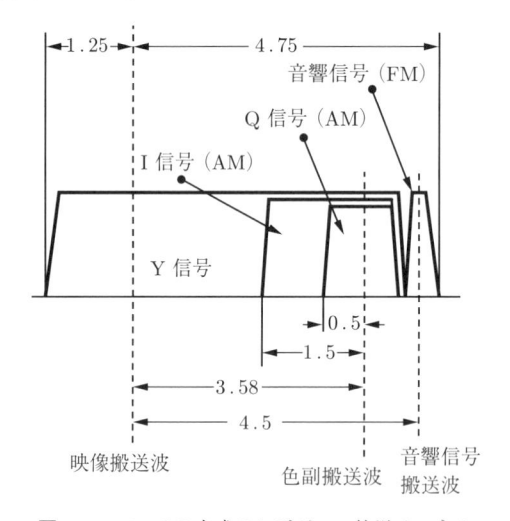

図 3.12 NTSC 方式テレビジョン放送チャネルの信号周波数領域（数字の単位は MHz）

カラー画像を送るには三原色の色信号の伝送が必要だが，後述するように，これを輝度信号と二つの色信号に変換して送る。また，音響信号は左右のステレオ信号からなるが，これを FM 放送と同様に和信号および差信号に変換し，計 5 種類の信号要素を伝送する。カラー化，ステレオ化以前のテレビジョンはモノクローム（白黒）画像の明暗信号とモノーラル音響信号の 2 種類の信号を

伝送していたので，これらに画像信号の輝度信号と音響信号の和信号が対応するようにして下位互換性を確保している。

個々のチャネルの信号は図 3.12 のような周波数領域に配置されている。Y 信号は映像の輝度信号（白黒信号）であり，I 信号および Q 信号は色度信号であって，全体で映像信号を構成する。Y 信号は映像搬送波を VSB 変調し，I 信号および Q 信号は 3.2.3 項で説明するように色副搬送波を振幅変調して送られる。

音響信号の原形は周波数帯域の上限を 15 kHz とする 2 チャネルステレオ信号である。これを左右信号の和，および差の信号に再構成し，31.5 kHz の正弦波を差信号で周波数変調したものを和信号に加えて放送用音響信号とし，音響信号搬送波の FM 変調波をつくって映像の放送波に加える。

音響信号の構成を**図 3.13** に示す。音響部分の方式は FM ステレオ放送と類似であり，和信号は FM ラジオ受信機でモノーラル信号として受信可能であるが，差信号の放送方式が異なるのでステレオ受信はできない。またエンファシスの時定数が 75μs で FM 放送とは異なるので，FM ラジオ受信機では完全な受信は困難である。

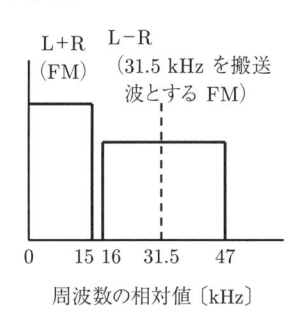

図 **3.13** テレビジョン放送の音響信号周波数領域の構成（周波数が正の片側を示す）

3.2.2 画像信号の走査と同期

NTSC テレビジョン方式では，横縦比（アスペクト比）4：3 の方形の映像を 1 秒間に 30 画面送受信する。画面 1 枚分の信号をフレームと呼ぶ。

画面は二次元の平面なので，これを時間波形として伝送，放送するために

は 1.3.1 項で述べたように走査によって一次元の信号に変換する必要がある。NTSC 方式では画面を横に 525 分割し，図 **3.14** のように，左上から一次元の信号に変換していく。これを走査という。ただし，上から下への単純な**順次走査**（**プログレシブ走査**）ではなく，図のように 1 本おきに走査してから上に戻って間を走査していく。これを**飛越し走査**（**インタレース走査**）と呼ぶ。

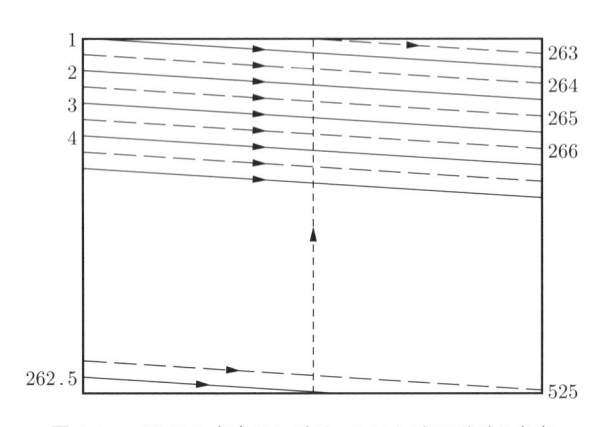

図 3.14 NTSC 方式テレビジョンにおける画面の走査

このため，1 枚の画面（フレーム）が 2 枚の粗い画面（フィールド）に分割される。前半を奇数フィールド，後半を偶数フィールドと呼ぶ。インタレース走査ではフレームを送信する速さ（フレーム周波数）は 30 Hz だが，視覚的には 60 Hz の速さ（フィールド周波数）に見え，フリッカが減少する利点がある。また，画像を表示する受信機の **CRT**（cathode-ray tube：ブラウン管）にはフリッカ軽減のため残光性が与えられている。

1 本の走査線に対応する画像信号電圧波形を図 **3.15** に示す。左から右への走査線上の輝度と色度を送る部分と，右から左へ戻る部分（水平帰線）とで 1 単位の水平走査期間をなす。この周期は 63.5μs であり，水平走査の周波数は 15.75 kHz となる。この周波数は水平走査の繰返し周波数であり，NTSC 信号を知るうえで重要な量となる。水平帰線部分には，受像機において走査線が左端から出発する時刻を検出するための水平同期パルスが加えられる。

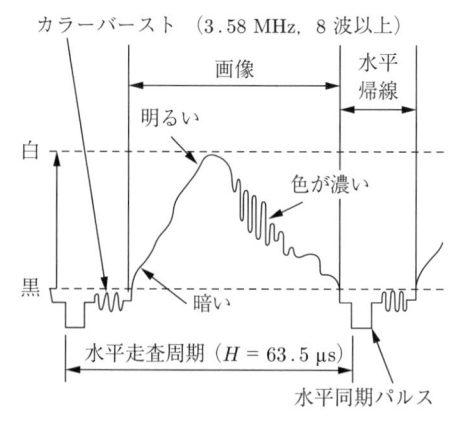

図 3.15 テレビジョン放送の走査線 1 本分の画像信号電圧波形の概念

画像の明るさは電圧の高低で表され，図の上は明（白），下は暗（黒）となる。水平同期パルスを含む帰線部は，黒レベルより下なので画面には現れない。

フィールドの境界には**図 3.16**のような垂直帰線期間が加えられる。水平同

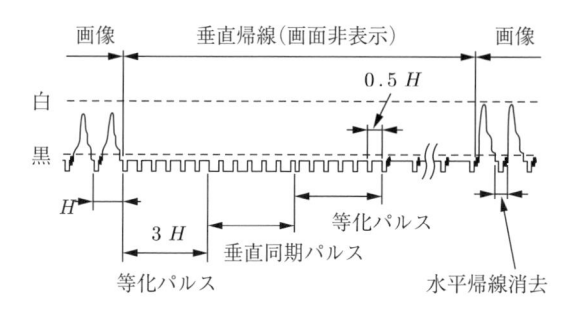

（a） 奇数フィールド

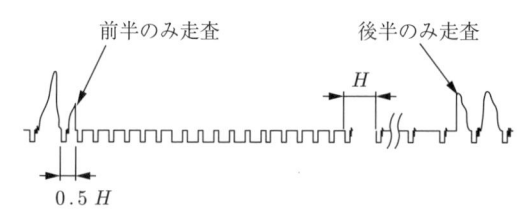

（b） 偶数フィールド

図 3.16 画像信号の垂直帰線期間

期が乱れないようにこの間にも水平同期パルスは挿入されるが，垂直同期パルスの部分では平均電圧が大きくなるようにパルス幅を変化して，受信時に検出しやすくする。なお，水平基線と同様，垂直帰線期間も画面に現れないよう黒レベルより下に設定される。これを帰線消去と呼ぶ。

図 (a) は奇数フィールド直前の波形を，図 (b) は偶数フィールド直前の波形を示す。奇数フィールドの表示は画面左端から始まって画面中央で終わり，偶数フィールドの表示は画面中央から始まって画面右端で終わる。これを水平同期パルスの配置の差異として観察することができる。

実際には，NTSC 方式では白を低電圧で黒を高電圧で表す。多くのノイズは電圧の増加方向に作用するので，このようにしておくと画像の明暗が雑音で乱される可能性が少なくなるとされている。したがって，図 3.15 および図 3.16 の縦軸は電圧値としては上下逆となる。

これらの波形は音響信号と異なり上下対称ではないので，画像信号には直流成分が含まれる。このため映像搬送波の変調には VSB 変調が用いられる。

3.2.3 輝度信号と色度信号

伝送，放送すべき画面の信号は三原色，すなわち赤の信号 E_R，緑の信号 E_G および青の信号 E_B であるが，すべての信号を高品質で伝送するのは不経済である。また，旧来の白黒テレビジョンでも正常に受信できるよう配慮する必要がある。そこで，信号の変換を行う。まず，この 3 信号から明暗のみを表す輝度信号（白黒信号）を式 (3.12) で作成する。

$$E_Y = 0.30E_R + 0.59E_G + 0.11E_B \qquad (3.12)$$

この信号を Y 信号と呼ぶ。これと二つの色度信号 $E_R - E_Y$，$E_B - E_Y$ とを送れば，受信側で加減算により三原色信号を再生できる。また白黒テレビジョンは E_Y 信号のみを受信すればよい。

二つの色度信号の位相を図 **3.17**(a) のように変化して E_I（I 信号）および E_Q（Q 信号）をつくる。両者は図 (b) に示す xy 色度図上では斜線のようにな

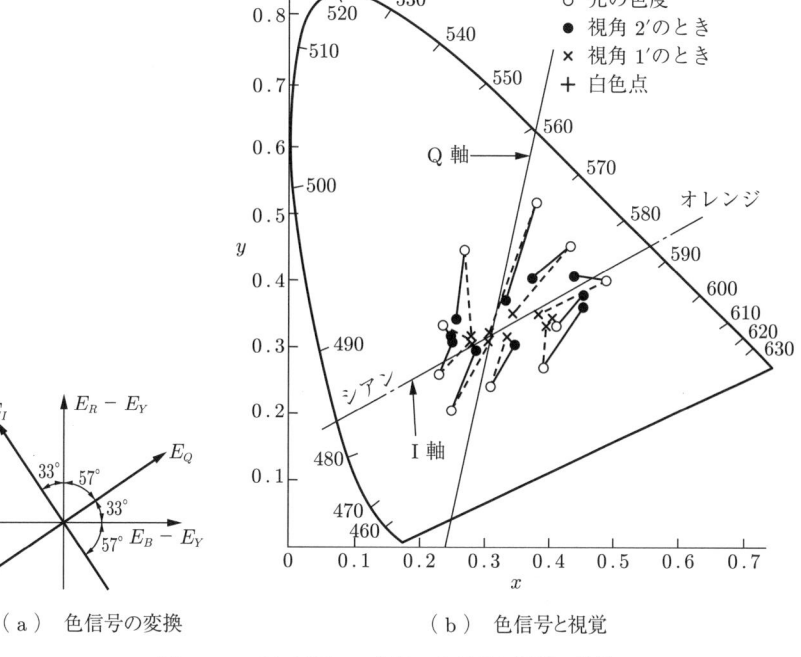

（a）色信号の変換　　　（b）色信号と視覚

図 3.17 テレビジョン放送の色信号と視覚の特性

る。図には微小な色片（視角 $2'$ および $1'$）を見たときの色変化も示してある。この図は，微小な色片の色は E_I（I 信号の軸）に集中して見える傾向を示しており，これは Q 軸に沿った色の変化は面積が広くないと知覚しづらいことを示している。

このため，前述の周波数成分の説明図（図 3.12）のように，I 信号には比較的広い帯域（1.5 MHz）を与え，視覚の分解能が劣る Q 信号には狭い帯域（0.5 MHz）を与えて伝送する。これにより視覚的な劣化を最小限に保って色信号伝送の能率を改善することができる。Y 信号には旧来の白黒方式の映像信号と同じ広い周波数帯域（約 4.25 MHz）を与え，下位互換性を実現している。

I 信号および Q 信号は色副搬送波を AM 変調，または VSB 変調してから Y 信号に加算される。これらが受信側で的確に分離できるように配慮しなければならない。

I 信号および Q 信号は色副搬送波の直交振幅変調により送られる。一方を色副搬送波（3.58 MHz）で，もう一方を位相が 90° 異なる搬送波で変調すると，両者の搬送波は三角関数 sin と cos の関係となる。**図 3.18** に両者を分離する原理を示す。積分範囲を 1 とすると sin の振幅に比例する値が得られるが cos は 0 になる。積分範囲を 2 とすると cos の振幅が得られ sin は 0 となる。したがって，受信側では搬送波の位相の基準がわかっていれば両者を分離して復調できる。これを**同期検波**と呼ぶ。位相の基準を与えるため，図 3.15 に示したように送信側で水平同期信号の直後に色副搬送波の基準として正弦波のバースト（カラーバースト）を挿入する。このとき，挿入後の電圧は黒レベル以上として画面に影響を与えないよう配慮しなければならない。

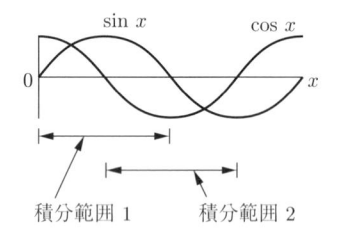

図 3.18　同期検波の原理

つぎに，色副搬送波の周波数を決める根拠について考えよう。Y 信号，I 信号および Q 信号は広帯域信号だが，図 3.15 の波形より推測されるように水平同期パルスの周波数（15.75 kHz）に由来する顕著な周期性をもつ。したがって，例えば Y 信号は**図 3.19** のように周期的なスペクトルを示す。

そこで，I 信号および Q 信号からなる色度信号を，図のように Y 信号成分の

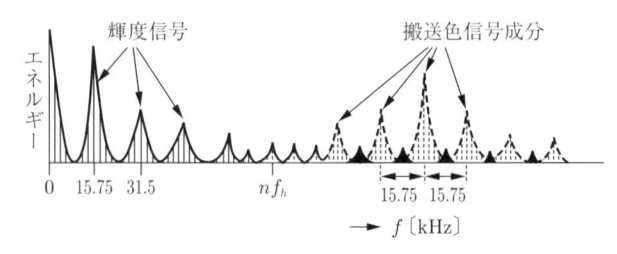

図 3.19　輝度信号と色信号のスペクトルの共存（f_h=15.75 kHz）

間に配置できれば輝度信号と色度信号の分離が楽になる。このためには色副搬送波の周波数を水平同期周波数の奇数倍の半分とすればよい。

　一方，音響信号搬送波（4.5 MHz）と色副搬送波との差もやはり水平同期周波数の奇数倍の半分として，画面に影響が生じにくくしたい。さらに，この信号は旧来の白黒テレビジョンでも自然に受信可能でなければならない。このため，NTSC 方式ではこれらの周波数はつぎのように決められた。

(1) 水平同期周波数は音響搬送波の周波数の 1/286，15 734.264 Hz とする。これは旧来方式の 15 750 Hz に十分近い。

(2) 垂直同期周波数は水平同期周波数の 1/262.5，59.94 Hz とする。これは旧来方式の 60 Hz に十分近い。

(3) 色副搬送波の周波数は水平同期周波数の 455/2 倍，3.579 545 MHz とする。これも旧来方式の 3.58 MHz に十分近い周波数である。

　NTSC 以外のカラーテレビジョン放送方式としては欧州方式といわれる PAL，SECAM がある。**表 3.3** に各方式を比較して示す。欧州方式は NTSC 方式に比べ走査線が 625 本と多いが，フレーム周波数が 25 Hz と小さく，また方式の

表 3.3　カラーテレビジョン各方式の比較

	NTSC 方式	PAL 方式	SECAM 方式
走査線の数	525	625	625
フレーム周波数	30 Hz	25 Hz	25 Hz
画像信号	Y, I, Q	Y, R-Y, B-Y	Y, R-Y, B-Y
色搬送波	3.58 MHz	4.43 MHz	4.75 MHz
周波数帯域	6 MHz	7 MHz	8 MHz
特　　徴	最も古くシンプル。白黒との両立性がよい	色差信号の一つを走査線ごとに位相反転するのでクロストークひずみに強い	色信号を FM で走査ごとに交代で送るので非直線ひずみ，位相ひずみに強い
使用していた地域	英国，ブラジル以外のアメリカ大陸，日本，韓国など	英国，ドイツ，中国，オーストラリア，ブラジルなど	フランス，東欧諸国など

　（注）アスペクト比，インタレース方式はいずれも同じである。

細部に相違がある。

3.2.4　高精細度テレビジョン（**HDTV**）

　アナログテレビジョン方式を抜本的に改善する新方式がいくつか提案され，実用化された。その中でも，走査線を増やして抜本的な高品質の画質を狙った**高精細度テレビジョン**（high definition television：**HDTV**）として，アナログ放送方式を前提としてわが国の技術者により実用化されたハイビジョンが重要とされる。この方式は帯域圧縮などのため，内部処理は送信側，受信側とも**MUSE**（multiple sub-nyquist sampling encoding）**方式**と呼ばれるディジタル処理だった。諸元を NTSC 方式と比較して**表 3.4** に示す。

表 **3.4**　ハイビジョン方式と NTSC 方式の比較

		ハイビジョン	NTSC
走査線の数		1125 本	525 本
アスペクト比		16：9（1.78：1）	4：3（1.33：1）
インタレース		あり（2：1）	あり（2：1）
フレーム周波数		30 Hz	29.97 Hz
信号帯域	輝度信号	20 MHz	4.2 MHz
	色度信号	c_W：7.0 MHz	I：1.5 MHz
		c_N：5.5 MHz	Q：0.5 MHz

　ハイビジョン方式はその後制定された国際規格 MPEG2 に記載されたディジタル動画伝送方式に大きな影響を及ぼした（5.6 節参照）。

3.3　音響信号のアナログ記録とカセットテープシステム

　一般家庭における音響信号，動画像信号の記録再生の目的はつぎの二つに大別されよう。

　（**1**）　**ライブラリ作成**　　長く手元において鑑賞したいものを手元に保存する。この場合は CD, DVD などあらかじめ記録されたメディアを購入するのが有力な手段であり，再生機能のみがあれば目的の多くは達成できる。

（**2**）　**タイムシフト**　　所用などのため時間を割けない放送番組や家族の演奏会などを記録しておき，後で鑑賞する。この目的には家庭での記録機能が必須となる。

記録されたものがライブラリに加わることも多いので，これらの機能は峻別^{しゅんべつ}できるものではない。しかし，記録再生のシステムの実用化初期には，(1) を重視して著作権侵害を問題視するコンテンツ業界と，(2) の利便性を主張する装置製造業界の論争があったことはエンジニアも記憶すべきであろう。

音響信号，動画像信号を問わず，必要なシステムの規模や技術は再生よりは記録のほうが高度である。また一般に記録装置は再生機能ももつ。

3.3.1　音響信号の記録と磁気記録

音響信号のアナログ記録再生システムは長い歴史があるが，家庭における記録機能の実現は遅れた。当初の方式は音の波形そのものを固体に音溝として刻む機械的録音，再生であり，エジソンが 1877 年に発明した円筒録音から SP 円盤，EP/LP 円盤，ステレオ円盤と進化していったが，いずれも家庭での記録には対応しておらず，一般家庭に記録，編集可能なメディアとしてオープンリール磁気テープシステムが浸透するのは 1950 年代からである。その直後には 2 チャネル（例えばステレオ信号）以上の同時記録も一般化した。

テープ記録は基本的に順次読出しが原則で，目的の箇所にアクセスするには早送り，巻き戻しが必要となるので，円盤記録のようなランダムアクセスは難しい。しかし，テープは平面の記録媒体を巻き取ることにより一種の三次元記録の形で信号を保存することになり，媒体の占有スペースは小さくなる。

磁気テープへの記録（録音），再生の原理を**図 3.20** に示す。磁気テープはプラスチック製のベースからなり，ヘッドに接触する面に酸化鉄など磁性体粉末をバインダとともに塗布したものである。磁性体粉末は微小な永久磁石の集まりである。テープは二つのリールにまたがって巻かれており，一方のリールから他方のリールへ走行する途中でヘッドに接触する。個々のヘッドは電磁石を構成しておりコイルへの電流により磁気回路の空隙^{げき}（ギャップ）に磁場を発生し，

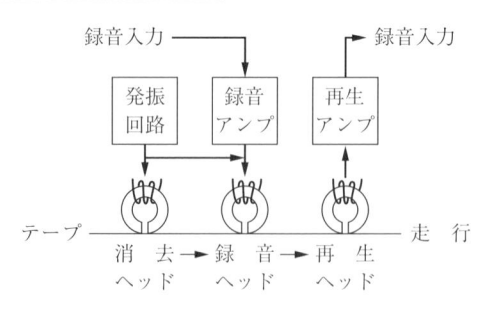

図 3.20　磁気テープ録音，再生の原理

近くの磁性体粉末の磁化に影響を及ぼす。一方，テープの磁性体粉末がギャップの近くを通過すると磁場の変化によりコイルに電流が発生する。

　アナログ信号の磁気記録は，信号波形に応じた磁場を発生させて永久磁石を磁化することにより信号を記録する技術である。最初の例は 1900 年にポールセンが開発した装置だが，永久磁石の磁気特性（磁場磁束密度特性）のためひずみと雑音が多く実用には遠かった。その後ポールセンらは一定の磁場をかけることによりこれらの問題を軽減する技術（直流バイアス法）を開発したものの，性能が不十分であったため広く用いられるには至らなかった。

　それを解決したのが交流バイアス法（高周波バイアス法）を用いた消去，録音技術である。録音を行うには事前にテープ表面の磁性体粉末の磁化を中性にして既存の記録を消去しなければならない。永久磁石の磁気特性がもつヒステリシス特性のため，単純に一定の磁場をかけるだけでは磁化を完全になくすことは難しい。そこで，**図 3.21** の左図に示すように消去ヘッドに記録信号より周波数が十分高い正弦波電流を加えてテープに強い交流磁場をかける。すると，ヘッドから遠ざかるにつれて磁界は右図のように減少し，その結果磁性体の磁化が中性に戻る。また録音時には記録ヘッドに信号波形に応じた磁場を発生させて磁性体粉末を磁化することにより信号を記録する。その際，消去に用いたものと同じ高周波数電流も記録ヘッドに加える。これにより磁化強度がループを描きながら所定の値に落ち着くため，安定でひずみの少ない記録ができる。周波数は可聴周波数より十分に高くする必要があり，50～250 kHz に選ばれる。

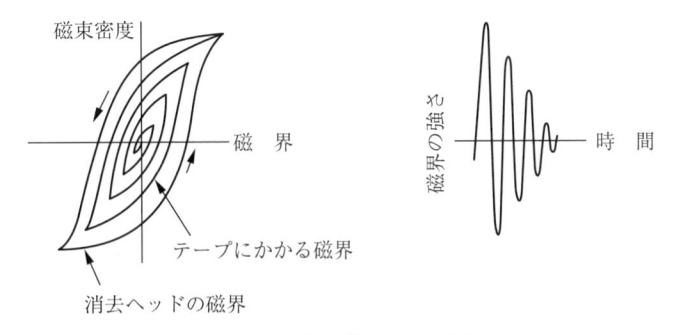

図 3.21 交流磁場による消磁

　テープと記録ヘッドの相対速度が速ければテープに記録される信号波の波長が長くなるので，より高い周波数まで記録できる。また，記録ヘッドのギャップが狭ければテープに小さな波長を書き込めるので，やはり高い周波数まで記録できる。

　記録された信号を再生するには，テープ上の磁化された磁性体が再生ヘッドに接触して移動するときの磁場の変化によりヘッドのコイルに生じる誘起電流を取り出し，再生アンプで増幅する。記録ヘッドと同じくテープとヘッドの相対速度が速ければ，また，ヘッドのギャップが狭ければテープから小さな波長を読み出せるので，高い周波数まで再生できる。さらに，テープに記録するトラックの横幅が広いとヘッドに大きな電流が誘起されて SN 比が改善される。

3.3.2　カセットテープシステム

　家庭用として最も広く普及したのは，1962 年フィリップス社が発表したカセットテープシステムである。以下，その概要を解説する。

　カセットテープは，テープが巻かれた二つのリールをカセットハーフと呼ばれる 2 部品を合わせた構成のプラスチックケースに収めたものである。システムの構成を**図 3.22** に示す。カセットハーフの端面には三つの窓が設けられている。小形低価格の普及形テープレコーダを目指して開発されたシステムだったため，録音，再生を同一ヘッドで兼用してヘッド数を二つとする前提で窓の

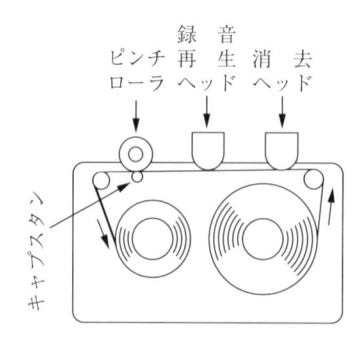

図 **3.22**　カセットテープシステムの構成。窓は三つあるがカセットを反転させることを考えるとヘッドは二つしか挿入できない。

数が決められた。実際，低価格の普及型の製品は二つのヘッドを用いるのが通例である。

　図 3.22 の左右の窓の上下面には，キャプスタンと呼ばれる金属円筒をテープの内側に挿入する孔が設けられている。カセットハーフの端面の窓からゴム製のピンチローラを挿入してキャプスタンにテープを押さえ付ける。キャプスタンは一定の速度で回転しているのでテープが一定速度（4.76 cm/s）で送られる。テープには，残り二つの窓から消去ヘッド，録音・再生ヘッドが接触し，消去，記録（録音），再生が行われる。通常のシステムではテープ幅の片側半分に記録し，カセットを反転してから反対側に記録する往復使用形式が標準である。したがって，記録トラックの数はモノーラル記録では 2 本，ステレオ記録では 4 本となる。

　図 3.20 のように録音ヘッドと再生ヘッドが個別に並んでいれば，録音された信号をすぐに再生し，記録品質を確認できる。また録音ヘッドと再生ヘッドを別個に最適設計できる。そこで高音質をねらう高級機種では，録音部，再生部のヘッドを一つにまとめ磁気ギャップを二つもつ複合ヘッドを用いて，実質的に三つのヘッドを同時に動作させるように工夫したものも用いられる。

　カセットテープシステムの諸元を 3.4 節で説明する **VHS**（video home system）ビデオカセットテープシステムと比較して**表 3.5** に示す。往復の記録時間は，標準的なテープで 60 分程度，長時間のものでは 120 分程度である。

　オーディオ用カセットテープシステムは，フラッシュメモリを用いたディジ

表 3.5 コンパクトカセットテープの録音方式と高品質録音（3.4.2 項参照）の
VHS ビデオカセットテープの録画，録音方式の比較

	オーディオ用コンパクトカセットテープレコーダ	VHS 方式ビデオカセットテープレコーダ（2 回転ヘッド高品質音響信号記録）
テープ幅	3.81 mm	12.65 mm
ヘッド機構	固定ヘッド方式	映像，音響それぞれ回転 2 ヘッド方式
ヘッド走査方式	長手方向走査	ヘリカル（斜め方向）走査
記録方式	直接	周波数変調
記録方向	往復	片道
テープ送り速度	47.6 mm/s	標準記録：33.35 mm/s 3 倍長記録：11.12 mm/s
テープ・ヘッド相対速度	同上	標準記録：5.80 m/s 3 倍記録：5.83 m/s

タル録音システムなどにその座を奪われたが，単純で取り扱いやすいので現在でも一定の需要がある。

┌─ コーヒーブレイク ─┐

交流バイアス法の特許と日本のテープレコーダ産業の発展

交流バイアス法は 1937 年，五十嵐（安立電気），永井（東北大学）らが発明した技術です。発明の端緒は録音用の真空管アンプがたまたま発振していたことといわれています。翌年には特許出願され 1940 年に特許となりました。米国にも出願されたものの，手続きが終わらないうちに第二次世界大戦が始まったのです。そのころ交流バイアス法は米独でも独立に発明されました。米国では 1939 年に出願，41 年に特許となりました。ドイツの発明のきっかけもアンプが偶然発振していたことと言われ，1940 年には特許出願が行われました。

戦後の 1949 年，日本の特許は日本電気と東京通信工業（後のソニー）に譲渡されました。1952 年には米国の会社がテープレコーダを日本に輸入しようとしましたが，東京通信工業は特許を楯に輸入，販売の差し止めを申請，その言い分が認められる形で和解が成立したのでした。その後のソニーを初めとする日本のテープレコーダ産業の興隆と磁気記録技術の高度化はまさに特許をきちんと取得していたことによるといえます。

日本の磁気記録の伝統はディジタル技術でも発揮されています。1977 年，それまでのように永久磁石の N 極 S 極を横に並べるのではなく，縦に配置する垂直磁気記録方式が岩崎（東北大学）により発明されました。この方式は記録密

度が大幅に向上できるものの実用化が難しく，ハードディスクドライブ（HDD）として商品化されたのは発明から 28 年後の 2005 年でした。しかしそのわずか 5 年後には世界で製造される HDD のほぼすべてが垂直磁気記録方式に置き換わりました。

3.4　動画像のアナログ記録とビデオカセットテープシステム

3.4.1　回転ヘッド方式

動画像信号を磁気テープにより記録，再生するシステムはテレビジョン番組の制作ツールとして開発された。動画像信号は音響信号に比べ周波数帯域が格段に広い。そのため動画像のテープ記録再生システムでは音響信号用のシステムに比べてヘッドとテープの間の相対速度を非常に速くする必要があり，高速精密な機械系と大量のテープを要するとの課題があった。1950 年代にアンペックス社により開発された回転ヘッド方式がこれを解決するキーテクノロジーとなった。記録または再生ヘッドを回転するドラムに装着し，遅い速度で走行しているテープにこのドラムを速い周速度で回転させながら接触させることにより，ヘッドとテープの間の相対速度を格段に早くできる。これにより磁気記録によるビデオテープレコーダ（video tape recorder：**VTR**）が実用化された。

当初の方式ではヘッドの回転軸をテープの走行方向と平行とし，周波数変調された画像信号をテープの幅方向に記録していく形式をとったが，1960 年ごろより，ヘッドの回転軸をテープの走行方向と直角から少し傾けたヘリカル走査方式が東芝，日本ビクター，ソニー各社により開発され，これにより劇的な小形高性能化が実現し，小形安価な VTR が一般家庭に広く普及した。

当初は一般家庭での有用性が 3.3 節冒頭に示したタイムシフト機能（見逃した番組の視聴）にあるとされていたが，多くのユーザは「ライブラリ作成」機能としても用い，レコーデッドテープも市販されるようになった。

また家庭用 VTR の実現を可能にしたヘリカル回転ヘッド方式は，テープ表面

に信号を二次元記録するので高密度記録に適している。そのため **DAT**（digital audio taperecorder）や **DDS**（digital data storage）など小形のテープカートリッジを用いた種々の記録再生方式に発展した。

ここでは，家庭用として日本ビクター社により開発され世界的に普及した VHS ビデオカセットテープ方式を取り上げる。

3.4.2 VHS ビデオカセットテープ方式

磁気テープは，オーディオ用のカセットテープと同様に二つのリールをもつプラスチックケースに収められている。表 3.5 に示したようにテープの幅は音響用より広い。テープ送り速度は音響用より遅いが，片道記録方式をとり，カセットを裏返して往復記録することがないため，テープの長さは同じ記録時間のオーディオ用テープより長い。したがって，カセットは大形となる。

カセットを装置に挿入すると，**図 3.23** のようにテープがカセットより引き出され，ドラムに巻き付けられて動作状態となる。ドラムには動画像の記録および再生のための磁気ヘッド（ビデオヘッド）が 180° 方向に 2 個設置されている。

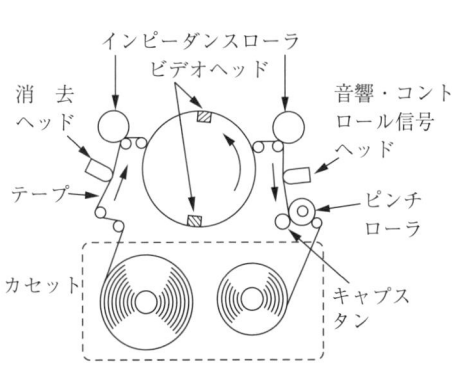

図 3.23 VHS ビデオテープシステムの構成

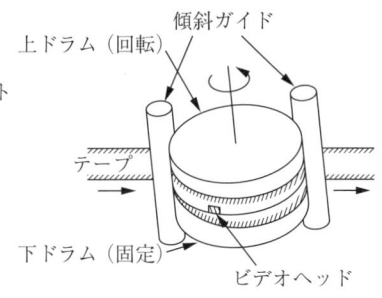

上ドラムはテープ速度よりはるかに高速の周速度で回転している。

図 3.24 回転ヘッドとテープの接触

ビデオヘッドを装着したドラムとテープとの関係を**図 3.24** に示す。ドラムの高速回転に伴い，ドラムに巻き付けられたテープは定速で送られる。二つのビデオヘッドはテープと同じ向きに，テープを追い越すかたちで交互に接触し，

離れていく。テープはドラムに接触する前に固定の消去ヘッドに接触する。また，ドラムに接触した後に音響信号およびコントロール信号を記録再生するヘッドに接触する。

　テープに記録された信号の記録の様子の概要を図 **3.25** に示す。テープがドラムに斜めに巻き付けられるので，画像信号を記録するトラックはテープに対して 6° 弱傾いている。このため，動画像信号が記録されるトラックもテープの縁に対し 6° 弱の角度で斜めになる。1 本のトラックの長さは約 10 cm であり，1 フィールド（1/60 秒）の画像信号を含んでいる。

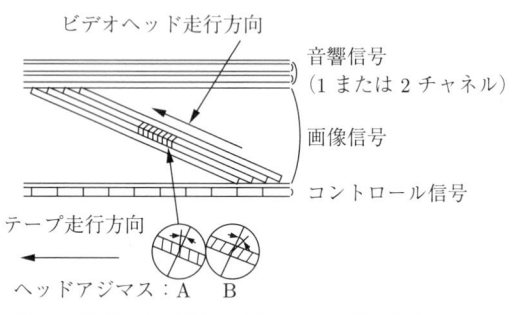

図は縮尺に忠実ではない。例えば，実際は画像
トラックとテープ縁の角度は6° 弱である。

図 3.25　VHS テープへの信号記録様式

　画像信号は二つのヘッドが交互に，斜めに記録する。そのトラック幅は標準記録でも 58 μm と狭いので，トラック間のクロストークを減殺するため，両ヘッドはトラックの垂直軸に対して ±6° 傾けて，隣接トラックの影響を少なくしている。これを傾斜アジマス記録と呼ぶ。

　再生時にヘッドがトラックを正しく読めるよう，テープ縁にコントロールトラックが用意されている。コントロール信号はビデオ信号のトラック 2 本分を間隔とする等間隔パルス列であり，再生時にはこの位置を基準に画像トラックを読み出し，テープとヘッドの相対位置をサーボ制御する。

　NTSC 方式の信号をテープに記録したときの周波数領域の構成を図 **3.26** 上図に示す。輝度信号（Y 信号）は白ピークを 4.4 ± 0.1 MHz，同期信号の端部を

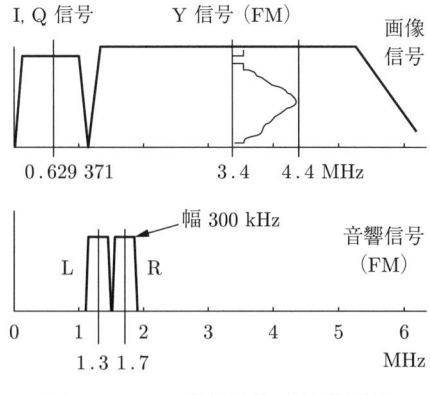

図 3.26 VHS 記録信号の周波数領域

3.4 MHz とする周波数変調（FM）により記録される。FM 信号は広い周波数範囲にわたり側帯波を生じるので Y 信号には広い帯域が割り当てられる。一方，色信号（I, Q 信号）は直交変調された複合信号のままで搬送周波数を 629.371 kHz に変換して記録する。この搬送周波数は水平同期周波数の 40 倍とし，干渉の影響を減殺したものである。

　音響信号についてみると，初期の VHS 方式では図 3.25 に示したようにテープ縁に設けたトラックにオーディオテープレコーダ同様の交流バイアス方式で記録していた。しかし，テープ速度が遅くトラック幅も小さいため音質が不十分だった。

　そこで高品質録音のため，画像信号用とは別の回転ヘッドを追加した音響信号の FM 記録方式が開発されて主流となった。**図 3.27** にこの方式の概念を示す。音響信号は，画像信号と区別しやすくするため画像信号とは ±30° 逆の角度のアジマスを与えられる専用ヘッドを用いて記録される（左図）。記録時はまず左右別々に周波数変調（FM）された音響信号がテープの深くまで記録される。ついで画像信号がビデオヘッドにより音響信号より浅い位置に記録される（右図）。

　FM 記録方式の音響信号の周波数領域は図 3.26 下図に示すように，映像信号の領域と重なっている。

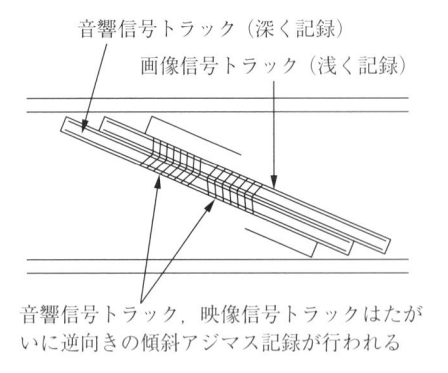

音響信号トラック（深く記録）
画像信号トラック（浅く記録）

音響信号トラック，映像信号トラックはたが
いに逆向きの傾斜アジマス記録が行われる

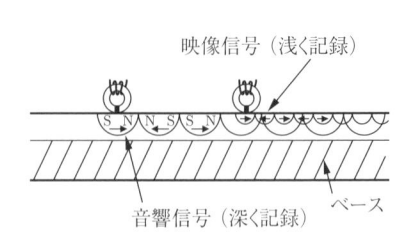

映像信号（浅く記録）

音響信号（深く記録）　　ベース

図は縮尺に忠実ではない

図 3.27　VHS ビデオテープに音響信号を FM で記録する方式の概念図

　また，コンパクトカセットテープの録音方式と高品質録音の VHS ビデオカセットテープの録画，録音方式の比較は表 3.5 に示した。

コーヒーブレイク

CD はどうして 44 100 Hz を使っているのか

　CD（compact disc）では音響信号を 1 秒間に 44 100 個という中途半端な数のディジタル信号に変換しています。これは 1980 年代初頭，CD が実用化されたころ，音響信号のディジタル記録再生手段として VTR がプロフェショナル用途に用いられ，また民生用ビデオカセットテープレコーダ（VHS，ベータマックス）のためのディジタル録音アダプタも商品化されており，これらに共通に用いられていた方式の定数を CD 方式が踏襲したためです。

　1970 年代半ばごろ，ビデオテープの画像記録トラックに記録できる**図 1** のようなディジタル符号（non-returntozero 符号：**NRZ 符号**）の速度の限界が検討されました。その結果，符号誤り率 $10^{-3} \sim 10^{-4}$ を確保すると約 3 Mbps が上限であることが知られました。

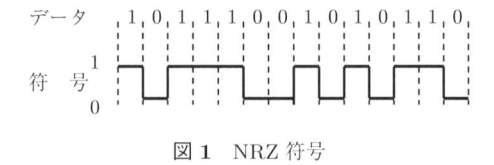

データ　1,0,1,1,1,0,0,1,0,1,0,1,1,0

符号

図 1　NRZ 符号

　そのため，1 水平同期単位時間（1/15 750 秒）に記録できる bit 数は 190 以内となります。水平同期信号，データ同期方形波，白基準信号などの部分を差し引

くと，データ数は 128 bit 程度が妥当です。こうして，**図 2** のようなディジタル信号記録方式が決められました。

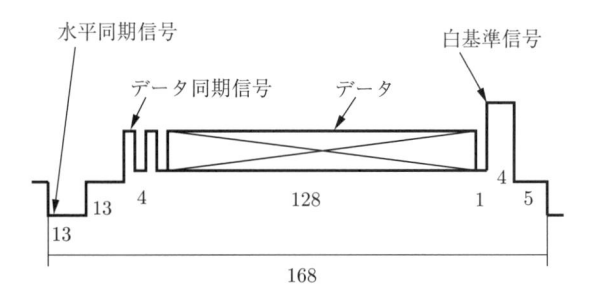

図 2 1 水平信号への PCM 音響信号記録方式

　一方，当時の A-D 変換器チップの状況では，データ当り 14 bit が一般的でした。この単位時間にステレオ信号を左右各 3 データ（計 84 bit），または 4 データ（計 112 bit）記録できます。しかし，後者では誤り訂正符号などの付加が困難となるので前者がよいことになります。

　1 垂直同期単位時間（フレーム，1/60 秒）には上記単位が 525/2 個含まれます。しかし，垂直同期＋等化パルス部で 9，ヘッド切替えばらつき吸収分 4，頭出しなどの制御信号部 1，計 14 の水平同期単位が必要と考えると，1 フレームでデータ記録に使用できる水平同期単位は 248 以下となります。

　これを 245 とすると，標本化周波数は 44.1 kHz（$3 \times 245 \times 60$）となります。このとき，この周波数，クロックパルス周波数，水平・垂直同期周波数などを約 7.05 MHz の信号から分周してつくることができ，好都合だったのです。

　この定数は，NTSC 方式のみならず PAL，SECAM 方式にも適用できることがわかったので，この方式が VTR への **PCM**（pulse code modulation：パルス符号変調）音響信号記録再生方式として定着しました。

　当時，ビデオテープ方式とは無関係なスタジオ，プロフェショナル用途のディジタル録音再生システムでは 48 kHz の標本化周波数が一般的でした。CD 方式を決定するにあたり，これと上記の 44.1 kHz とが比較されましたが，当時のフィルタ構成技術からみて 44.1 kHz でも十分 20 kHz の信号帯域上限を確保できること，マスタとして VTR を用いた PCM 記録を用いる例があること，単位時間当りのビット数が少しでも少ないほうがより長時間の信号を 1 枚のディスクに記録できることなどの理由で，44.1 kHz が採用されたのです。

　なお，CD 方式を開発した時期には A-D，D-A 変換器チップの技術が VTR

用録音機を開発した当時と比べ進歩していました。また，広く販売される CD 方式の商品は再生専用で構成の簡単な D-A 変換器のみが使用されるため 16 bit も可能になっていました。そのため，1 データの長さは 14 bit ではなく 16 bit とされました。

レポート課題

1. 0.5～1.6 MHz の中波帯を用いる AM 放送は 1920 年代から開始されたが，テレビジョンの放送はこれに 10 年以上遅れた。一つの理由はテレビジョン信号の放送には技術的に困難の多い 100 MHz 程度の超短波帯を用いる必要があったからである。なぜこうした高い周波数の電波を用いなければならなかったかを考察せよ。

2. 周波数変調（FM）は角度変調の一種である。よく用いられる別の角度変調方式として**位相変調**（phasemodulation：**PM**）があげられる。

   (1) PM における搬送波の瞬時位相と，FM における瞬時角周波数の表示式を述べよ。

   (2) 初期に試作された携帯無線電話機で，感度周波数特性が平たんでなく入力音響信号の周波数に比例するマイクロフォンと FM 変調回路との組合せにより PM 波を得ていた例がある。上記 (1) の表示式よりこれが可能な理由を考察せよ。

3. 家庭用ビデオテープレコーダの音声部は，当初はオーディオ用カセットテープレコーダと同じ固定ヘッド高周波バイアス記録方式をとっていたが，その後は回転ヘッド FM 記録方式が主流となった。オーディオ用には高周波バイアス記録方式を用いるカセットテープが使われ続けているのに，なぜこのような状況になったか，理由を考察せよ。

第 4 章

線形ディジタル処理を基盤とするシステム

4.1 なぜディジタルシステムを用いるか

本章以下では信号をディジタル形式で取り扱うシステムを述べる。私たちの扱うディジタル信号は電気信号，または電気への変換を前提とする光信号である。この種のディジタル信号の利用はマルチメディアシステム技術の根幹であり，むしろディジタル電子システム技術の普及によってマルチメディアシステムが現実のものになったといって過言でない。

聴覚，視覚などによる人と外界とのコミュニケーションは，すべてアナログ信号によっている。数字のやり取りはディジタル信号といえるが，数字を読み上げる声を聞く，相手の指の数や算盤の珠の位置を見るといった行為でもメディアは音，光などアナログ信号である。したがって，ディジタル電気信号を駆使するシステム（以下，**ディジタルシステム**と呼ぶ）を構築するには，下記のインタフェースの利用が不可欠となる。

1) 音，光などの信号とアナログ電気信号との間の変換器（トランスデューサ，transducer：マイクロフォン，カメラ，スピーカ，動画像ディスプレイなど）
2) アナログ電気信号とディジタル電気信号との間の変換器（A-D, D-A 変換器）

このようなシステムの概念を**図 4.1**(a) に示す。電子式卓上計算機（以下，電卓）やパソコンのキーボードなどは指の機械的な動きを直接ディジタル信号に変換し，また電卓の 7 セグメントディスプレイはディジタル信号を直接可視化するが，音声，音楽，動画像のような時間当りの情報密度の濃い信号を対象と

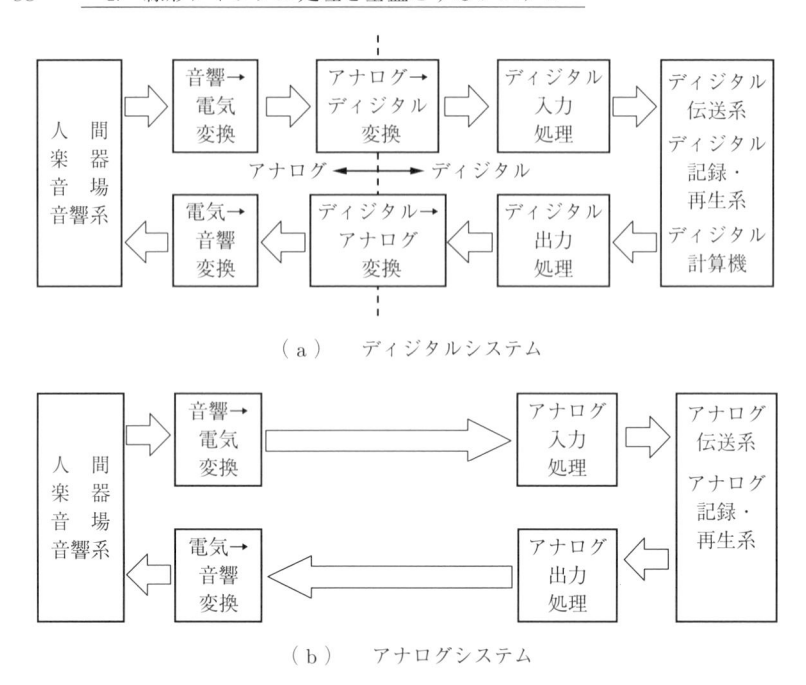

（ a ）　　ディジタルシステム

（ b ）　　アナログシステム

図 **4.1**　音響信号を例としたディジタルシステムとアナログシステム

するシステムではアナログ電気信号の仲介が一般的である。

　旧来の電話機などのアナログ電気信号のみを用いるシステム（以下，**アナログシステム**と呼ぶ）の概念を図 (b) に示す。インタフェースとしては前記 1) のみがあればよく，ディジタルシステムに比べ単純である。にもかかわらず複雑なディジタルシステムの利用が有利なのはなぜか，ここで考察してみよう。

　歴史上，ディジタルシステムを最初に実用化したのは後述するように電話伝送システムであった。3.1.2 項で述べたとおり，電話システムでは周波数分割方式によるアナログ電気信号の多重化システムが広く用いられていたが，これが 4.5 節で述べる時分割ディジタル多重化システムに 1960 年代より急速に交代した。その理由はつぎのとおりである。

1)　トランジスタに代表される半導体の性能改良，価格低下により高性能の電子スイッチを用いるディジタルシステムの価格が低下し，多数のアナログフィ

ルタを用いるアナログシステムより有利になった。IC の出現でこの傾向が加速された。

2) ディジタル信号は 0 または 1 のように信号のとる値が決まっており，またその出現周期も与えられているので，雑音により信号波形が変化しても元の波形を復元でき，信頼性の高いシステムを構築できる。一方，アナログ信号は実数のすべての値をとる連続信号のため擾乱を受けると復元できないので，信号の伝送，記録再生系に高い性能を要求する。

　その後，マイクロコンピュータチップと高速大容量の半導体メモリチップが実用化されると，データを蓄積して時間軸を変更することが可能となり，ディジタルシステムはつぎのようにさらに使いやすいものとなった。

3) 信号をメモリに蓄え，並べ替えや演算処理を行って冗長度を上げて伝送，記録再生を行うと，ディジタル信号は外部からの擾乱に対してさらに強靱となる。

　これを最大限に活用した初期の例が，3.5 節に述べたビデオカセットテープシステムを用いたディジタル録音再生システムと，これを母体とした CD システムである。

　一方，信号の処理や伝送が高速化されたため，信号の流れを小さな単位に区切り，時間的な余裕をもって扱うことが可能になった。さらに，通常のディジタルコンピュータはプログラムやパラメータまでメモリに蓄積する方式をとっており，例えば，フィルタ演算の係数などは稼働中に自由に変更が可能である。このため，つぎのような特徴が顕著になった。

4) 信号の流れを区切り，その先頭に信号の種類，特徴，定数などを記述したヘッダと呼ばれるデータ部を付加したパケット形式とし，ヘッダの情報に従ってきめ細かく取り扱うことが可能となり，多種多様な信号を取り混ぜて伝送，処理する真のマルチメディアシステムが実現された。

5) 信号の性質や定数，または伝送路の状況を時々刻々観察し，処理システムの定数（例えば 1 単位の処理のために切り出す信号素片の長さ）や処理方法（例えば変調のためのアルゴリズム）を適応して選択し，その選択の情報を

処理された信号とともに復号側に送ることにより，非常にきめの細かい処理システムが実現できる。

以下の各節ではこうした技術の具体的な例を説明する。

4.2 音声, 音響信号のディジタル化とコンパクトディスク (CD)

アナログ信号のディジタル化の基本は，連続な信号を切り抜いて飛び飛びの信号（離散信号）とし，その値を有限の数字の並びで表すこと（量子化）である。ここでは最も一般的な，2 進数値による**パルス符号変調 (PCM)** 方式を述べ，これを応用したシステムとして CD システムに着目する。フィリップス社およびソニー社により実用化され，1982 年に発売された CD システムは，民生用として成功したディジタル記録再生システムの最初のものであり，ハードウェア，ソフトウェアいずれの技術もその後のディジタルシステムに大きな影響を及ぼした。

PCM に代表される信号の波形をなるべく忠実に保存してディジタル化するシステムを線形ディジタルシステムと呼ぶ。これに対して，信号の冗長度の除去などの目的で波形などの信号の性質や情報量を変更してディジタル化するシステムを，非線形ディジタルシステムと呼ぶ。両者の境界は必ずしも明確ではない。例えば，CD システムは線形ディジタルシステムの見本とされるが，使用者に見えない内部では信号に高度の数値処理を施している。

4.2.1 標 本 化

3 章までに述べた音響信号や画像信号は時間的に連続で，どの瞬間にも信号の存在が仮定される。こうした信号から一定の周期で瞬時値を切り出し，標本の並列に変換することを**標本化 (sampling)** と呼び，その周期を**標本化周期** (sampling period：単位は s)，その逆数を**標本化周波数** (sampling frequency：単位 Hz) と呼ぶ。連続信号は標本化によりパルスの列に変換され，個々のパルスの頂上の高さが信号の値とされる。パルスの間の情報は捨てられ，0 に置き

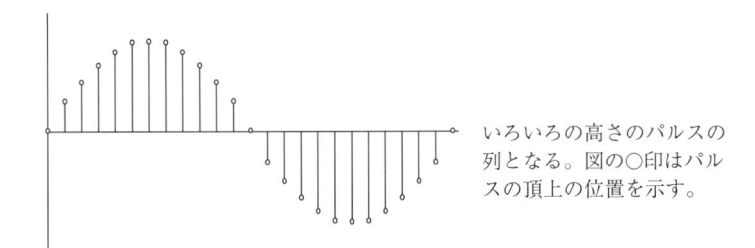

いろいろの高さのパルスの列となる。図の○印はパルスの頂上の位置を示す。

図 4.2 正弦波信号 1 周期の標本化

換えられる。正弦波信号を標本化した例を**図 4.2** に示す。

ディジタルシステムでは信号を整数の列として取り扱うので，一定時間に扱うことのできる情報の量は有限である。したがって，アナログ信号の標本化は不可避であり，これによる擾乱の影響を吟味しておく必要がある。

高い標本化周波数，すなわち短い標本化周期を用いれば高い周波数の信号の情報まで正しく変換できることは想像できるが，実は標本点以外の信号を捨てると重大な問題が起こりえる。**図 4.3** は周波数 f の正弦波信号をその 1/4 の周期で標本化し，黒丸以外の信号を無視した例だが，標本化信号のみでは $3f$, $5f$, $\cdots$ の周波数の信号を標本化した場合と区別ができなくなる。したがって，これをアナログ信号に復調するとこれらの周波数の成分が発生してしまう。これを**エリアシング**（aliasing：異名現象）と呼ぶ。一方，入力アナログ信号の周波数が $3f$ であったら，これより低い周波数 f の信号が発生してしまう。こうした周波数成分の発生を折返し現象と呼ぶ。

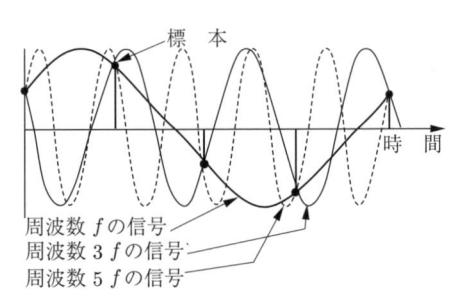

標　本

時　間

周波数 f の信号
周波数 $3\,f$ の信号
周波数 $5\,f$ の信号

周波数 $3f$ または $5f$ の信号を標本化周波数 $4f$ で標本化すると，周波数 f の信号を標本化周波数 $4f$ で標本化したものと区別がつかない。

図 4.3 標本化の問題点

　こうした擾乱を避けるためには，下記の**ナイキスト・シャノンの定理**（標本化定理）に注意する必要がある。

　　「**標本化周波数が，伝送すべき信号の最も高い周波数成分の2倍より**

　　高ければ信号を完全に復元できる」

　図 4.4 に示す信号の周波数領域表示を用いてこれを理解しよう。図 (a) のような周波数帯域をもつアナログ信号を標本化周波数 f_s で標本化すると，周波数領域では図 (b) のような高調波成分が現れて周期的になる。これは 1.3.2 項で述べたように，時間領域で飛び飛びの信号は周波数領域では周期的な信号となることに対応する結果である。原信号の上限周波数が標本化周波数の 1/2 以下であれば，高調波が発生してもこれと混じることはないが，それより帯域が広く図 (c) のように上限周波数が標本化周波数の 1/2 を超える信号の場合は，図 (d) のように高調波（折返し信号）との混合が発生し，後で分離できない。

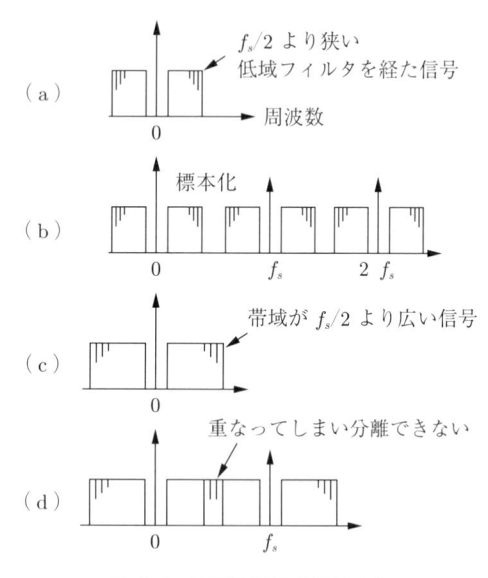

図 4.4　周波数領域での標本化

　したがって，ディジタルシステムでは入力アナログ信号をまず標本化周波数の半分より低い遮断周波数のローパスフィルタに通してから標本化し，また復

調したアナログ信号を同じ遮断周波数のローパスフィルタに通せば原信号を変形させないで取り出すことができる。このフィルタを**アンチエリアシングフィルタ**（anti-aliasing filter：折返し防止フィルタ）と呼ぶ。

2.2 節で述べたように，人の耳で聞き取ることのできる最高周波数はおおむね20 kHz と考えてよい。このため，CD システムではアンチエリアシングフィルタの遮断周波数を 20 kHz とした。低域フィルタの遮断特性の乱れを勘案すると標本化周波数はこの 2 倍の 40 kHz よりやや高い値が好ましいので 44.1 kHz（周期 22.68 μs）が選ばれた。このような半端な周波数になった経緯については3 章のコーヒーブレイクを参照されたい。

4.2.2 量　子　化

（1）　**標本値の量子化**　　アナログ信号のディジタル化にあたっては，個々の標本の値も有限 bit 長の数で表すことになる。したがって，電圧，音圧などの物理量も飛び飛びの値で表される。これを**量子化**（quantization）と呼ぶ。

4 桁の 2 進数（4 **bit** 長の符号）で標本の大きさを表す場合を考える。**図 4.5**に示すように，4 bit では 0000 から 1111 まで，2^4 すなわち 16 種類の符号しか使用できない。そこで，これを図のように信号の正負の最大値の間を等分した値に対応させるなら，図の黒丸で示した信号の真値を図の白丸で近似しなければならない。2 進数の最上位の桁を **MSB**（most significant bit），最下位の桁を **LSB**（least significant bit）と呼ぶ。

個々の値へのディジタル符号の割り振りには種々の方法があるが，音響信号や画像信号の多くは交流波形で，値は 0 を中心に正負に変化する。最も簡単なのは負の最大値を 0000 として積み上げるオフセット 2 進だが，CD，パソコンなど通常のディジタルシステムではこの上下群を入れ替えた 2 の補数を用いて負の数を表す。この方法では MSB は符号（0 は正，1 は負）を表すことになる。後述するように電話信号の伝送には折返し 2 進（反転）が用いられる。

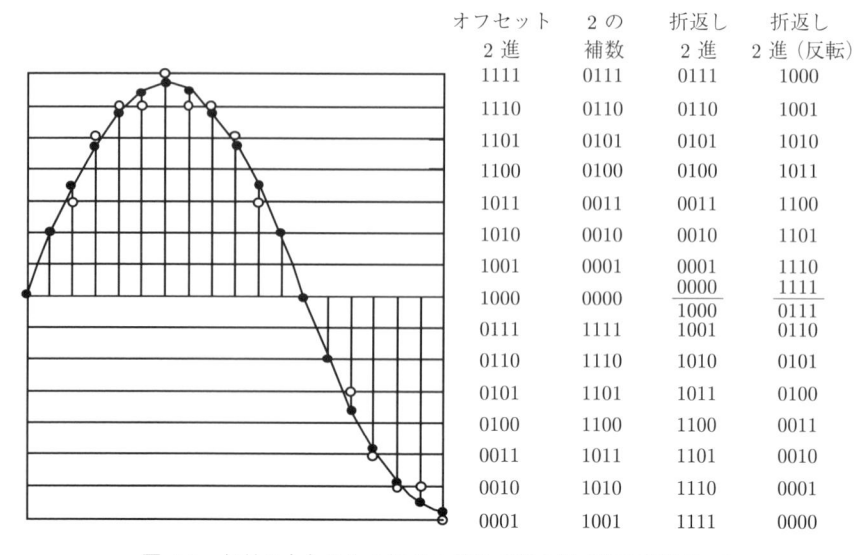

オフセット 2進	2の 補数	折返し 2進	折返し 2進（反転）
1111	0111	0111	1000
1110	0110	0110	1001
1101	0101	0101	1010
1100	0100	0100	1011
1011	0011	0011	1100
1010	0010	0010	1101
1001	0001	0001	1110
1000	0000	0000 1000	1111 0111
0111	1111	1001	0110
0110	1110	1010	0101
0101	1101	1011	0100
0100	1100	1100	0011
0011	1011	1101	0010
0010	1010	1110	0001
0001	1001	1111	0000

図 4.5　信号の大きさを 4 桁の 2 進数で表す例（零の表現が +0
と −0 の 2 種類あることに注意)

（2）　**量子化ひずみと量子化雑音**　　このように量子化では，信号の値を飛
び飛びの値に置き換えるので信号の波形にひずみを生じる。例を**図 4.6** に示す。
特に振幅の小さな信号は使用可能な 2 進数値が減少するのでひずみが増大し，波

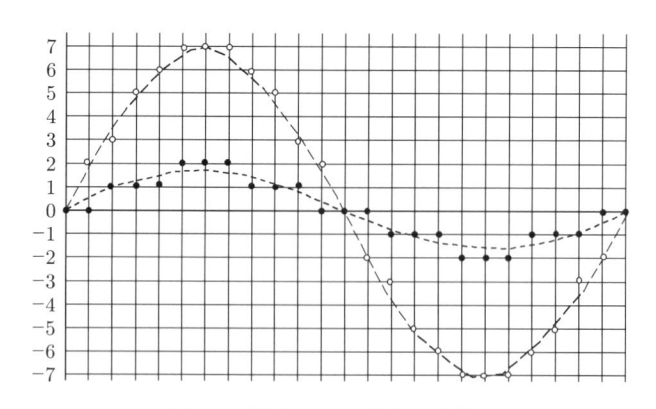

図 **4.6**　量子化による波形のひずみ

形の狂いがひどくなる。このひずみを**量子化ひずみ**（quantization distortion）と呼ぶ。このひずみは信号に雑音（量子化雑音）を付加する。

一方，上下の限界値をはみ出す値は絶対にディジタル値で表現できないので，信号の最大値とアナログ段の利得設定との関係を十分吟味する必要がある。

ディジタルシステムでは，量子化に用いる 2 進数を**ワード**または**語**と呼び，その桁数を**ワード長**または**語長**（単位は bit）と呼ぶ。またコンピュータ分野と同じく，8 bit 長を 1 単位と考えて **1 byte** と呼ぶ，一方，個々のワードに対応する信号値を**量子化ステップ**と呼ぶ。図 4.5 の例では語長 4 bit（1/2 byte），量子化ステップ数は 16（うち 15 ステップを使用）であった。

（3）　線形量子化と非線形量子化　　量子化ひずみを低減するには語長が長いほうがよい。また，量子化ステップの間隔は取り扱う信号の最小値より小さいほうがよい。

図 4.5，図 4.6 に示す量子化は，**図 4.7** (a) に示すように信号の大小にかかわらず量子化ステップが一定である。このような量子化を線形（リニア）量子化と呼ぶ。線形量子化で，量子化雑音が量子化ステップの振幅範囲均一に分布している仮定すれば，量子化の語長が n〔bit〕の場合のダイナミックレンジは約 $6n+2$ dB となる。2.2 節で述べたように人の耳のダイナミックレンジは 120 dB と振幅では 10^6 に達する。その範囲を表すための語長は 21 bit（ステップ数 2^{21} すなわち正負それぞれ 1 048 575 ステップ）以上が理想ということになる。線

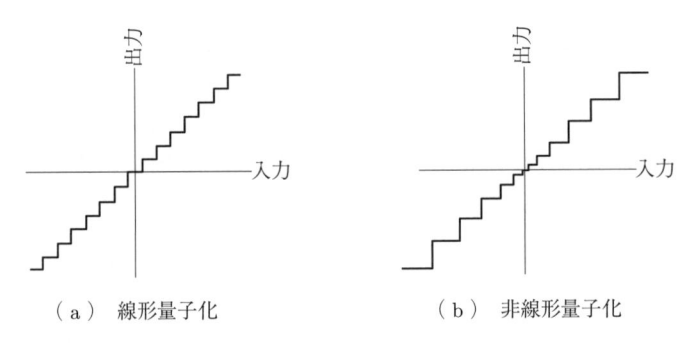

（a）　線形量子化　　　　　　（b）　非線形量子化

図 4.7　線形量子化と非線形量子化

形量子化を用いたディジタル符号化は線形（リニア）PCM と呼ばれる。

　一方，かつての PCM 電話音声信号の局間伝送など，信号のダイナミックレンジに対し望ましい量子化語長が確保しづらい場合もある。音声信号のように，信号が大きければ量子化雑音が大きめでも気づきにくいとみなしてよいシステムの場合，図 4.7 (b) に示すように量子化ステップを信号の大きさに応じて変化させ，小振幅の信号を手厚く量子化することが考えられる。このような量子化を非線形量子化と呼ぶ。また，非線形量子化によってディジタル符号化を行うと信号のダイナミックレンジが圧縮され，それを復号して信号に戻す際にはダイナミックレンジが拡張されることになる。そのため，非線形量子化に伴う処理は圧伸と呼ばれる。

　CD システムでは当時使用可能な A-D，D-A 変換器 IC での現実的な値として語長 16 bit の線形量子化を採用した。ステップ数は正負それぞれ 32 767 となるが，この値は高級なオーディオ用アナログ電子機器の**ダイナミックレンジ**（雑音レベルから最大信号レベルまで）に比較して遜色がないものであった。

4.2.3 CD のハードウェア

　PCM（パルス符号変調）を用いた記録再生方式を実現する方法は多種多様だが，CD システムはディジタルシステムの特徴である。

- ・信号レベルは 0 または 1 のいずれかに決まっている
- ・高速なコンピュータ処理が使える
- ・信号をメモリに記憶して時間軸を自由に変更できる

を最大限に利用しており，成功した PCM システムの好例とされている。

　CD の記録媒体とそれに刻まれている**ピット**の構成を**図 4.8** に示す。ピットの列は**トラック**と呼ばれる。基板はポリカーボネート製の円盤で，その読出し面の反対側（レーベル側）にディジタル情報が窪み（バンプ）として記録されており，その面にはアルミニウムなどの金属を蒸着して光を反射しやすくしている。ピットの幅は 0.5 µm，深さ 0.11 µm，隣のピットとの中心間隔は 1.6 µm と，旧来のアナログディスクなどに比べきわめて高密度記録となっている。

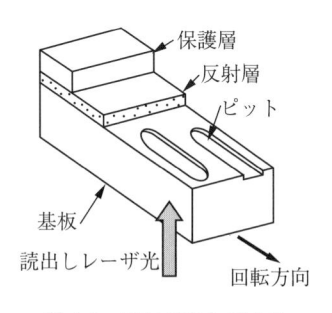

図 4.8 コンパクトディスクとそれに刻まれているピットの構成

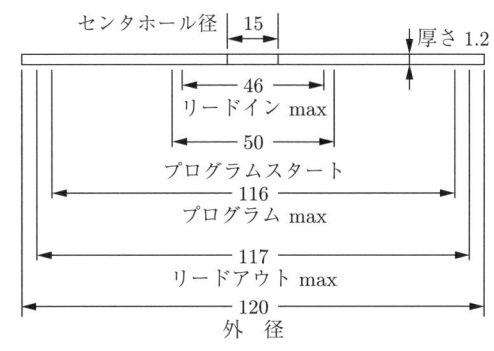

図 4.9 コンパクトディスクの寸法（単位：mm）

円盤の寸法を図 4.9 に示す。記録媒体は厚さ 1.2 mm，直径は 120 mm（図に示す値）または 80 mm である。信号はプログラム記録部の内周から記録される。最内周にはリードイン，最外周にはリードアウトと呼ばれるディジタル情報が記録され，その間に音響信号がディジタル記録されるプログラムエリアをとる。記録できる音響信号は最長 74 分であり，これより短いときには外周部が余ることになる。

記録されたディジタル情報の読出しは一定の回転数ではなく一定の速度（例えば 1.25 m/s）で行われる。そのため，情報記録密度は内外周を問わず一定であり，したがって，ディスクの回転速度は読出し位置が外周に行くに従って遅くなる。これは音楽のような逐次読出し情報に適した方法である。

情報の読取りは，波長 0.78 μm（赤外線）の半導体レーザによる光を基板を通して記録面に照射することにより非接触で行われる。記録面での光のビームスポットの直径は収差の少ない非球面レンズにより 1.7 μm（波長の約 2 倍）に制御される。焦点調節の自動制御を行うが，これが CD メディアの反りなどの寸法誤差のほか，温度変化などによるレンズの変形の影響も吸収するので，レンズは安価なプラスチック製でよい。

ピット以外の位置では光ビームは反射されて明るい。しかし，ピットの場所では図 4.10 に示すようにピット部と周辺部とで反射面がほぼ同面積となるようにビームスポットとピットの幅を選択してあり，また，ピット底からの反射光

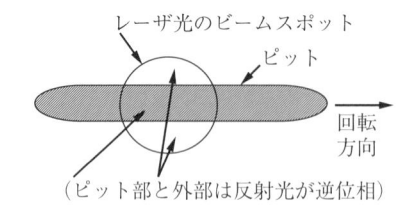

図 **4.10**　ピットの幅と光ビーム
スポットの大きさの関係

が周囲の反射光と逆の位相になるようにピットの深さを決めてあるので，ピット内外の反射光が相殺されて暗くなる。この明暗の変化の時間間隔より情報が読み出される。

　記録面が完全反射ならピットの深さが波長の 1/4 のときに内外の反射波が逆位相となって最良の条件となるが，実際にはディスク材料の屈折率が 1.5 なので 1/(4 × 1.5) に近くなるようピット深さを選択してある。

　この現象は，ビームスポットがピットの刻まれたトラックを正しくたどるように制御する手段にも使われる。例えば，前後に別のビームスポットを用意しておき，これらの明るさが最小になるようにスポット位置を制御すればよい。

4.2.4　CD の信号記録方式とインタリーブ

CD では 1 ワードの長さは 16 bit である。これをシンボルと呼ばれる 8 bit 長の符号に 2 分割し，処理の単位とする。

　このシンボルを図 **4.11** に示すように 14 bit 長の符号に変換する。14 bit の符号は 8 bit 符号に比べ 64 倍の種類があるが，そのなかから

- "1" は連続しない
- "1" と "1" との間の "0" は 2 以上 10 以下の数が必ず連続する

という条件を満たす符号を用いる。この変換表は IEC 規格で規定されている。図の例 "01000100100010"，"10001001000000" が，両端以外ではこれを満たしているのは明らかであろう。

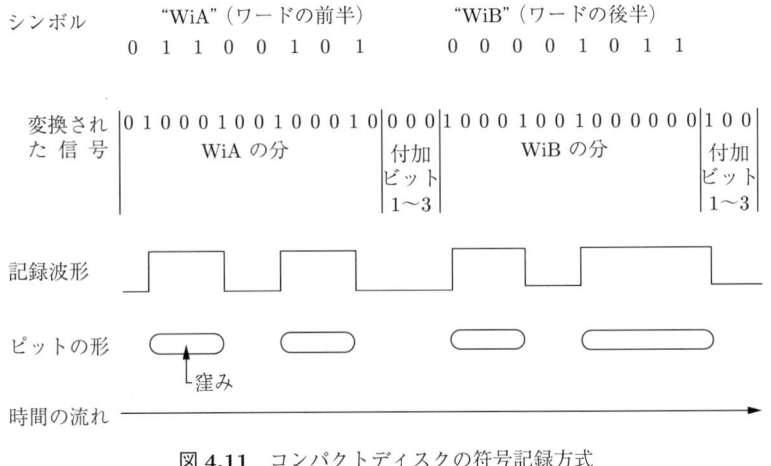

図 4.11 コンパクトディスクの符号記録方式

しかし，このまま 14 bit 長のシンボルを並べると継ぎ目で上記の条件が崩れることがある。例えば図 4.11 の例では先頭で "0" が 1 個となる。そこでシンボル間に 000，100，010，001 のいずれかを挿入して上記条件に合わせる。

これを図に示すように "1" のところでピットが始まり，終わるように記録する。読取りにあたっては反射光の明るさの変化する点より "1" を読み出し，別に生成した十分な精度のクロック信号を参照して "1" の間の "0" の数を求めればよい。

CD の信号記録は，上記のようにきわめて小さなピットの微妙な長さ変化により行われる。したがって，小さな傷，汚れなどによる符号の読取り誤りが激しいのが大きな問題点となる。CD システムでは 256 bit（32 byte）のデータを 1 ブロックとして取り扱うが，規格では 10 秒間でのブロック誤り率（1 bit 以上の誤りを含むブロックの生じる確率）を 0.03 以下と規定している。256 bit 単位のブロック群の 3％ が変形するのは信号再現に大きく影響することが想像できる。さらに盤面のきず，ごみの存在により十数ブロックの信号が連続して誤ることがある。CD システムではこうした不完全な読出しを，信号記憶と計算処理の組合せにより救済している。

その一つは，**インタリーブ**（interleave）と呼ばれる信号の並べ替えである。標本化周波数が十分であれば音響信号波形には急激な変化は少ないので，短い符号誤りなら前後の信号の線形補完値などの予測値と比べていれば異常な値を検出でき，またその予測値と置き換えて誤り訂正も可能である。しかし，長い連続誤りは正しい値の予測ができないので訂正が困難となる。そこで，故意に信号単位（CD ではシンボル）の順序を変えて記録し，再生時に正しい順序に並べ直して長い信号誤りを分散させるのがインタリーブによる誤り検出，訂正の原理である。元の順序への並べ直しを**デインタリーブ**と呼ぶ。

簡単な例を考える。**表 4.1** のように並んだシンボルを記録再生するとする。

表 4.1

⋯	-4	-3	-2	-1	0	1	2	3	4	5	6	7	8	9	10	⋯

表 4.1 を**表 4.2** のように列，行に置換して二次元の表にする。

表 4.2

⋯	-1	2	5	8	11	⋯
⋯	0	3	6	9	12	⋯
⋯	1	4	7	10	13	⋯

2 行目を 2 シンボル，3 行目を 4 シンボル遅延させる（**表 4.3**）。

表 4.3

⋯	-1	2	5	8	11	⋯
⋯	-6	-3	0	3	6	⋯
⋯	-11	-8	-5	-2	1	⋯

これを 1 列に並べ，記録する（**表 4.4**）。

表 4.4

⋯	-1	-6	-11	2	-3	-8	5	0	-5	8	3	-2	11	6	1	⋯

並べ替えの手順がわかっていれば，これを読出し時に元の順序に並べ直すことができる。これがデインタリーブである。いま，この一部分のうち，**表 4.5** の × 印の部分が連続して誤ったとする。

表 4.5

⋯	-1	-6	-11	2	-3	-8	5	×	×	×	×	×	11	6	1	⋯

これだけ連続して誤ると原信号の復元は難しい。しかし，デインタリーブを行うと誤った信号が**表 4.6** のように分散される。

表 4.6

⋯	-4	-3	×	-1	×	1	2	×	4	5	6	7	×	9	10	⋯

このように誤った信号の位置が分散すれば，その前後の信号から近似値を知ることが可能となる。例えば表で一番左の × は左右どなりの平均値を取ることで $(-3 - 1)/2 = -2$ と線形補間した値が求まる。

実際の CD システムで用いられているインタリーブのチャートを**図 4.12** に示す。長円形の中の数字は遅延量を表す。途中でリード・ソロモン符号（RS 符号）と呼ばれる四つのシンボルからなる誤り訂正符号を二度付加している。これは 4.2.5 項で解説する。出力される 32 のシンボルの組みがフレームと呼ばれ，書込みの 1 単位となる。前述のように 8 bit のシンボルを 14 bit に変換し，最初にフレームの開始を表すフレーム同期信号を付加する。これは "1" の後に "0" が 11 個続くパターンを 2 回繰り返す 24 bit の符号である。11 回連続の "0" は本来のシンボルにはないので，ほかと区別できる。

これにシンボル間の 3 bit を付加すると，1 フレームは 588 bit となる。これを図 4.11 の要領でディスクにピットとして刻んでいく。

再生ではこれらの逆の手順の処理を後述の誤り検出，訂正と併せて行い，原信号を取り出せばよい。

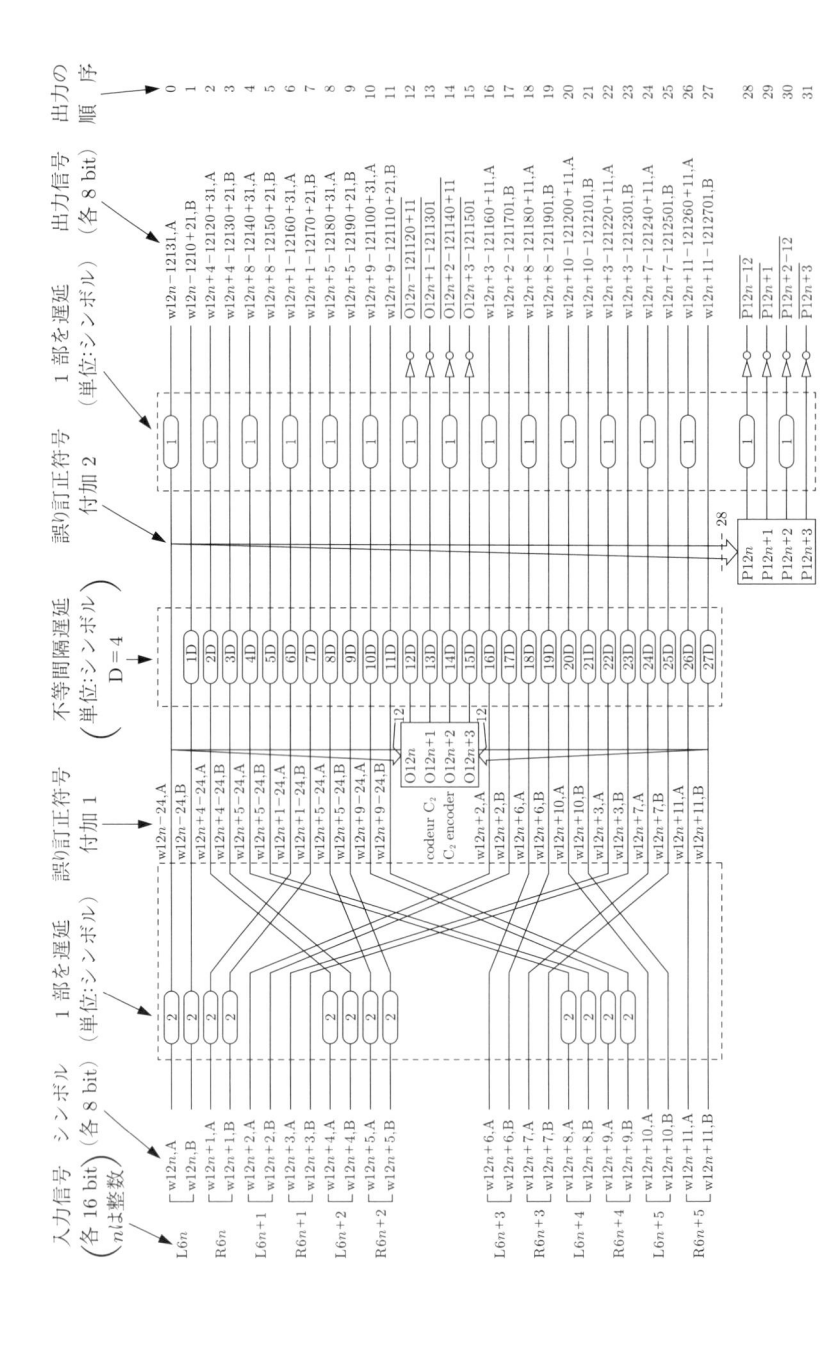

図 4.12 CD システムのインタリーブ方法[1]

4.2.5 符号付加による誤り訂正方式

4.1 節で述べたように，ディジタル信号を利用する利点の一つは信号のとる値が一定値，例えば 0 または 1 に決まっており，擾乱を受けた信号から元の波形を再生できることであった。これを拡張し，信号に余分の情報を付加することにより特別な数学的性質を与えておいて伝送または記録し，受信または再生のときにこの性質を吟味して信号の変形や欠落を検出し，修正する技術が，コンピュータチップの普及とともに広範に用いられるようになった。再生時に信号の変形が激しい CD システムは，こうした技術の導入により初めて実用可能となったといえる。

簡単な例として**パリティチェック**（奇偶検査）に着目しよう。**表 4.7** に簡単な例を示す。表の左の列のような 3 bit の信号を送るにあたり，中央列のような余分の 1 bit 信号を付加し，右の列のようにワード内の "1" の数が必ず奇数になるようにする。伝送する情報量は冗長となるが，受信側ではワードごとに "1" の数を監視し，奇数でないときには符号誤りと判断して再送要求などの対処ができる。この方法は簡単な割に効果があり，コンピュータの記憶装置などに広く用いられている。ある例では 16 bit の信号に 1 bit を付加することにより，誤りの残存率が 2 桁以上改善されたという。

表 4.7　パリティチェックを行う信号の例

原信号	付加ビット	送出信号
000	1	0001
001	0	0010
010	0	0100
011	1	0111
100	0	1000
101	1	1011
110	1	1101
111	0	1110

CD ではさらに手の込んだ，誤りの検出のみならず訂正までできるリード・ソロモン符号を応用した方式が用いられている。簡単な例をあげよう。ある bit 数のワードからなる信号 W_1, W_2, W_3, W_4 を伝送すると考える。これに余分のワード P_1, P_2 を加えて誤り訂正機能を実現する。

ここで H マトリクスと呼ばれるパリティ検査行列 (4.1) を定義する。

$$H = \begin{bmatrix} 1 & 1 & 1 & 1 & 1 & 1 \\ T^5 & T^4 & T^3 & T^2 & T & 1 \end{bmatrix} \tag{4.1}$$

T としてはある多項式の根でべき乗の数が有限（つまり何回もべき乗していくと T^n が T に戻る単位元）で，四則演算が定義される数値の集まり（ガロア体）を用いる。実際には加算，乗算は数表としてメモリ内に用意しておく。

H マトリクスを用いて

$$\begin{cases} S_1 = W_1 + W_2 + W_3 + W_4 + P_1 + P_2 = 0 \\ S_2 = T^5 W_1 + T^4 W_2 + T^3 W_3 + T^2 W_4 + T P_1 + P_2 = 0 \end{cases} \tag{4.2}$$

という連立方程式を立てる。未知数は P_1 と P_2 の二つであるからこの連立方程式を解いて値を確定できる。これを四つの W とともに記録するわけである。

読出し時には上記の S_1, S_2 を計算する。これらはシンドロームと呼ばれ，誤りがなければ 0 になる。

それでは誤りがあったらどうなるだろうか。いま

$$W_3 \rightarrow W_3 + e \tag{4.3}$$

という誤りが発生したとする。このときシンドロームを求めると

$$\begin{cases} S_1 = W_1 + W_2 + (W_3 + e) + W_4 + P_1 + P_2 = e \\ S_2 = T^5 W_1 + T^4 W_2 + T^3 (W_3 + e) + T^2 W_4 + T P_1 + P_2 = T^3 e \end{cases}$$
$$\tag{4.4}$$

という 0 でない値となって誤りのあったことがわかる。比 S_2/S_1 を求めると T^3 となって W_3 が誤ったことがわかる。また S_1 が e そのものであるから訂正もできる。

リード・ソロモン符号を応用した方式は，誤り訂正能力の割に信号の冗長度が低く，また復号演算が簡単であるなどの利点がある。実際の CD では図 4.12 に示したように 2 か所で四つのシンボルを付加している。その H マトリクスをつぎの式に示す[1]。

$$
H_p = \begin{bmatrix}
1 & 1 & 1 & 1 & 1 & 1 & 1 & 1 & 1 & 1 & 1 & 1 & 1 & 1 & 1 & 1 \\
T^{31} & T^{30} & T^{29} & T^{28} & T^{27} & T^{26} & T^{25} & T^{24} & T^{23} & T^{22} & T^{21} & T^{20} & T^{19} & T^{18} & T^{17} & T^{16} \\
T^{62} & T^{60} & T^{58} & T^{56} & T^{54} & T^{52} & T^{50} & T^{48} & T^{46} & T^{44} & T^{42} & T^{40} & T^{38} & T^{36} & T^{34} & T^{32} \\
T^{93} & T^{90} & T^{87} & T^{84} & T^{81} & T^{78} & T^{75} & T^{72} & T^{69} & T^{66} & T^{63} & T^{60} & T^{57} & T^{54} & T^{51} & T^{48}
\end{bmatrix}
$$

$$
\begin{bmatrix}
1 & 1 & 1 & 1 & 1 & 1 & 1 & 1 & 1 & 1 & 1 & 1 & 1 & 1 & 1 & 1 \\
T^{15} & T^{14} & T^{13} & T^{12} & T^{11} & T^{10} & T^9 & T^8 & T^7 & T^6 & T^5 & T^4 & T^3 & T^2 & T^1 & 1 \\
T^{30} & T^{28} & T^{26} & T^{24} & T^{22} & T^{20} & T^{18} & T^{16} & T^{14} & T^{12} & T^{10} & T^8 & T^6 & T^4 & T^2 & 1 \\
T^{45} & T^{42} & T^{39} & T^{36} & T^{33} & T^{30} & T^{27} & T^{24} & T^{21} & T^{18} & T^{15} & T^{12} & T^9 & T^6 & T^3 & 1
\end{bmatrix} \tag{4.5}
$$

$$
H_q = \begin{bmatrix}
1 & 1 & 1 & 1 & 1 & 1 & 1 & 1 & 1 & 1 & 1 & 1 & 1 & 1 & 1 & 1 \\
T^{27} & T^{26} & T^{25} & T^{24} & T^{23} & T^{22} & T^{21} & T^{20} & T^{19} & T^{18} & T^{17} & T^{16} & T^{15} & T^{14} & T^{13} & T^{12} \\
T^{54} & T^{52} & T^{50} & T^{48} & T^{46} & T^{44} & T^{42} & T^{40} & T^{38} & T^{36} & T^{34} & T^{32} & T^{30} & T^{28} & T^{26} & T^{24} \\
T^{81} & T^{78} & T^{75} & T^{72} & T^{69} & T^{66} & T^{63} & T^{60} & T^{57} & T^{54} & T^{51} & T^{48} & T^{45} & T^{42} & T^{39} & T^{36}
\end{bmatrix}
$$

$$
\begin{bmatrix}
1 & 1 & 1 & 1 & 1 & 1 & 1 & 1 & 1 & 1 & 1 & 1 \\
T^{11} & T^{10} & T^9 & T^8 & T^7 & T^6 & T^5 & T^4 & T^3 & T^2 & T^1 & 1 \\
T^{22} & T^{20} & T^{18} & T^{16} & T^{14} & T^{12} & T^{10} & T^8 & T^6 & T^4 & T^2 & 1 \\
T^{33} & T^{30} & T^{27} & T^{24} & T^{21} & T^{18} & T^{15} & T^{12} & T^9 & T^6 & T^3 & 1
\end{bmatrix} \tag{4.6}
$$

4.2.6 CD の記録内容と発展

最初に述べたように，CD の情報記録部は内周よりリードイン，プログラムエリア，リードアウトとなっている。

リードインには **TOC**（table of contents）と呼ばれる情報が記入されている。これには記録されている曲数，タイトル，時間などの目次情報が含まれる。マルチセッションの許されているコンピュータデータ CD と異なり，オーディオ用 CD では TOC は最内周の 1 か所のみにある。プログラムエリアには音楽などの音響信号が 2352 byte（735 ブロック，2 チャネルステレオ信号で約 1/75 秒分）単位で刻まれている。また，目次の項目となっている曲または楽章単位ごとにギャップが設けられている。

このように，本来の音響信号データの前にそのデータに関する諸元を記述し，読出しにあたり最初にそれを読んで，再生の手順を整えてからデータを読むのはディジタルシステム特有の方法であり，データの内容や形式の自由度を大幅に広げることができる。こうしたインデックス部はヘッダと呼ばれることが多い。

CD は当初は一般家庭での再生専用のものとして開発されたが，パソコン分野で軽便かつ大容量のディジタルデータメディアとして歓迎され，光学的に記録できる手段とメディアが開発された。これが音響信号の記録にも用いられ，記録，再生メディアとして定着した。異種のメディアに自由に対応可能となっ

┤コーヒーブレイク├

○○倍速の **CD** とは

CD の原規格では音楽のような逐次読出しを念頭に，線速度一定とされました。しかしランダムアクセスが原則のコンピュータ用途では，読出し位置の変化に応じて回転速度を急変する必要が生じ，高速化の障害となりました。そこで線速度ではなく回転速度（角速度）を一定として高速化した装置が開発され，コンピュータ用のみならず，読み込みエラーが多発しうる自動車用などとしても広く用いられています。高速であれば，うまく読めなかったときにもう一度読みに行くことも可能なので，安定性を大幅に向上させることができます。また回転速度を一定にすると制御装置が簡単になるだけではなく，モータの消費電力を削減できるというメリットもあります。

このような高速対応のディスクや装置には例えば 24 倍速などと表記されています。ただし，これは原規格に対する早さではあるものの，CD の内と外の平均的な速度に対する倍数であることに注意してください。

た大きな要因としてヘッダすなわち TOC の存在があげられる。CD システム
の技術はさらに発展し，DVD など多くの後継システムを生んだ。そのいくつ
かは 5.8 節で述べる。

　最後に，CD システムの種々の定数を**表 4.8** に示す。比較対象とした PCM
電話伝送方式については 4.3 節で述べる。

表 **4.8**　コンパクトディスクシステムと 24 チャネル PCM
電話伝送方式の定数の比較

項　　　目	電話 PCM 方式	コンパクトディスク	備　　　考
標本化周波数	8 kHz	44.1 kHz	
信号周波数の上限	3.4 kHz	20 kHz	
チャネル数	24	2	2 チャネル ステレオ
量子化ビット数	8	16	
符号化方式	折返し 2 進（反転）	2 の補数	
量子化特性	非線形（圧伸）	線形（リニア）	図 4.7
伝送情報量	$(8\text{k} \times 24 \times 8)$	$(44.1\text{k} \times 2 \times 16)$	
	1.536 Mbps	1.411 2 Mbps	
伝送ビットレート	1.544 Mbps	2.033 8 Mbps	
	伝送情報量の 1.005 倍	伝送情報量の 1.441 倍	安定な信号 伝送のため 情報を付加 している

（注）電話 PCM 方式については 4.3 節を参照。

4.3　音声信号の PCM 伝送：24 チャネル PCM 方式

　2 章で述べたように，人の音声は周波数範囲，ダイナミックレンジのいずれ
も音楽などに比べて限られている。このため，伝送すべき信号が音声に限られ
る場合には CD などのオーディオ機器に比べ小規模なディジタルシステムで対
応できる。人の音声の伝送に特化したディジタルシステムとしてディジタル電
話システムに着目しよう。

　電話システムへのディジタル信号伝送技術の導入の目的は，電話回線の有効利
用であった。3.1.2 項で述べたように，アナログ電話信号の周波数帯域は 3.4 kHz

だが，電話局から顧客まで，または電話局間に設置させている 2 本の銅線（日本では直径 0.32〜0.9 mm）からなる平衡ケーブルはさらに高い周波数まで伝送する能力があり，実際に周波数分割多重化伝送方式も導入されていた。しかし，多数の帯域フィルタと真空管を用いるアナログ方式はコストが高く，広く用いられるに至っていなかった。

　半導体を用いたディジタルシステムの導入でこれが解決された。米国で 1962 年（日本は 1965 年）に実用化された **PCM 電話伝送方式**は世界最初の実用的なディジタルシステムであった。当時はコンピュータチップはおろか IC（集積回路）も実用化されておらず，やっと信頼性の確立されたトランジスタなど個別半導体を駆使し，ディジタル回路とアナログ回路とを組み合わせたシステムが構築された。にもかかわらず，信号の非線形処理により伝送すべきディジタル情報を節約する技術が当初から導入されていたのは興味深い。

4.3.1　音声信号の標本化と量子化：信号の圧伸

　PCM 電話伝送方式は，最初の実用的なディジタルシステムであっただけに，標本化と量子化の定数について詳細な検討が行われた。

　上記のようにアナログ電話信号の周波数帯域は 3.4 kHz とされているから CD のような速い標本化は不要である。ナイキスト・シャノンの定理による要求値 6.8 kHz，実用的なフィルタの特性を考慮した余裕，さらに従来の周波数分割伝送方式でのチャネル幅 4 kHz との整合性より，標本化周波数は 8 kHz とされた。したがって標本化周期は 125 μs となる。

　一方，アナログ基幹回線における最大信号レベルは 2 mW，最も厳しい雑音レベルは 2000 pW となっているので，必要なダイナミックレンジは約 60 dB である。このため量子化ビット数は正負符号を含み最低 10 bit 程度が必要となる。しかし，従来の電話回線で伝送可能な範囲でなるべく多くのチャネルをとる，また当時の半導体の動作周波数の上限が低い，などの理由からこれを 8 bit 以下に抑えるのが好ましいとされた。

　そこで，当初の PCM 電話伝送方式では相補特性をもつアナログ非線形特性

素子を送信，受信側それぞれにおいて瞬時圧縮，伸張を施す非線形量子化が採用された。これにより図 4.7 (b) のように，小振幅の信号を等価的に手厚く量子化するようにして 1 ワード当り 8 bit の語長を用いた。この方法は 4.2.2 項で述べたように圧伸と呼ばれ，PCM 電話伝送方式における情報圧縮の方法として簡易ながら有用である。アナログ回路による圧伸では送受に用いる素子の偏差による波形ひずみが避けられないので，現在では語長 14 bit で線形ディジタル符号化した後，メモリに記録された表を参照して 8 bit の非線形量子化符号に変換している。

　したがって，1 チャネルの電話信号は 125 μs ごとに 8 bit，すなわち毎秒 $8000 \times 8 = 64\,000$ bit（64 kbps）のディジタル信号で伝送されることとなる。

　一方，CD をはじめとする録音・再生分野では圧伸の利用は積極的ではない。理由として信号の編集に伴うゲイン変化や加算がやりにくくなることがあげられる。放送分野でも編集を要しない局間中継伝送では圧伸による情報圧縮が行われる。

　なお，PCM の符号の形式には図 4.5 に示したような種類があるが，電話信号の符号化には折返し 2 進（反転）が用いられる。音声信号は交流波形なので中央の 0 に近い値をとることが多いが，この符号は中央の 0 に近いほど "1" の出現する確率が高いので，受信側でパルスの周期などが検知しやすくなる。

4.3.2　時分割多重方式による多チャネルディジタル伝送

3.1.2 項で述べたように，電話信号を変調または符号化する目的はチャネルを多重化して電話回線を能率よく使用することであった。

　ディジタル信号の多重化は時分割（time division multiplex：TDM）による。概念を図 **4.13** に示す。8 bit の符号の間隔を詰め（すなわち高速化し），125 μs の単位のなかに複数のチャネルの同じ時刻の信号を並べる。

　米国および日本で実用化された最初の方式では，従来の周波数分割多重方式での値との整合を考慮して 125 μs の間に 24 チャネルを並べて 1 フレームとした。したがって，1 秒間に伝送すべき bit 単位の情報量は 1.536 Mbps となる。

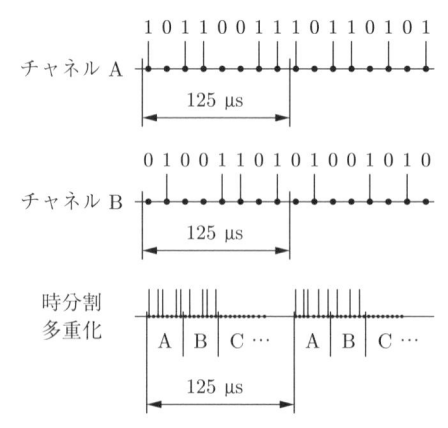

図 4.13 ディジタル信号の多重化の概念

パルスを並べるだけでは受信側でフレームの始まりを検出できないので，これに同期パルスと呼ばれる 1 bit のパルスを付加し，合計 1.544 Mbps の情報を送受することとした。同期パルスは決められた時間間隔で一定の 0 と 1 のパターン（例えば 0，0，1，0，1，1）を繰り返すもので，受信側でこの繰返しを検出すればフレームの始まりを知ることができる。

電話の信号は当然，上り，下り双方向に発生する。このシステムではそれぞれに別の回線を用いるので，2 対 4 本の銅線を 1 システムとしてディジタル伝送システムを構築することになる。

このシステムの利点は明瞭であった。4.1 節で述べたようにディジタル信号はとりうる値が限られており，またパルスの繰返し周波数（周期）もわかっているので，劣悪な伝送路のため崩れた信号から元のパルス列波形を再生する「再生中継」という方法を用いることができる。一定距離（例えば 2 km）ごとに再生中継を行えば情報の欠落なしに信号を長距離伝送することができる。当時の電話局間の距離はおおむね 10 km 程度であったが，安価な平衡ケーブル 2 対で電話 24 チャネルを伝送するディジタル伝送システムはこの局間中継用途に最適なものとされ，広範に用いられるようになった。

　周波数分割多重方式と同様，時分割多重方式でも高速伝送できる伝送メディア
を用いれば，上記 24 チャネルを 1 次群とし，125 μs の間に多くの 1 次群の符号
を並べてさらに多重化していくことができる。こうした思想で電話 96 チャネル
（24 × 4）を多重化する PCM-4M 方式，電話 1440 チャネル（24 × 60）からな
る PCM-100M 方式，電話 5760 チャネル（24 × 240）からなる PCM-400M 方
式などが実用化され，周波数分割多重方式を時分割多重方式に置き換えていっ
た。伝送メディアには伝送周波数帯域の広い同軸ケーブル，無線（準ミリ波，図
1.3 のセンチ波（マイクロ波とも）のうち 10～30 GHz）などが用いられた。

　わが国では現在は中継系（ネットワーク系），加入者系（アクセス系）いずれ
も伝送メディアが光ケーブルとなって様変わりしたが，信号はディジタル伝送
という原則は変わっていない。電話音声信号をディジタル伝送する方式は基本
的に 64 kbps で，上記の符号化方法のものである。

4.4　画像信号のディジタル化とコンピュータ内の画像信号

　コンピュータ，ディジタルカメラ，ディジタルテレビジョンなど静止画，動
画をディジタル信号の形で取り扱うシステムでは，画像信号をディジタル符号
として扱わなければならない。2.3 節で述べたように，人の目を対象とする画
像信号の要素は明るさ，色，およびその時間的変化である。色は三原色の混合
比で，明るさはその加算としてのパワーで表現できる。これらはいうまでもな
く人の耳を対象とする音響信号と同じアナログ量であり，ディジタル信号とし
て取り扱うには音響信号と同様の変換（符号化）が必要となる。

　現在用いられている多くのシステムでは，符号化の基本技術は音響信号と同
じくパルス符号変調（PCM）である。しかし，画像信号は情報が少なくとも二
次元の空間に展開した信号なので，空間の関数としての取扱いが本質となる。
さらに動画像は時間の関数でもあるので，一般に単位時間の情報量は大きなも
のとなる。

　ここではこうしたディジタル信号化を説明し，ディジタル化の実例をあげる。

ただし，動画像では単純にディジタル化すると膨大な情報量となるため情報圧縮を伴うものが一般的なので，その実用例の詳細は 4.6 節に譲ることにする。

4.4.1　二次元画像の空間周波数

最初に，写真や絵画のような二次元の静止画像を考えよう。各部の明暗を表す信号をアナログ量と考えると，これは二次元空間の波とみなされる。

空間で一次元の座標 x（単位は m）を定義する。この座標を用いて，空間周波数 F〔m^{-1}〕で周期的に変化する式 (4.7) のような一次元の関数が定義できる。

$$f(x) = A\cos 2\pi Fx \tag{4.7}$$

この拡張として，x 方向の空間周波数 F_1，y 方向の空間周波数 F_2，をもつ式 (4.8) のような二次元の関数を定義しよう。

$$f(x,y) = A\cos(2\pi F_1 x + 2\pi F_2 y) \tag{4.8}$$

これは二次元空間の波を表す。F_2 が 0 であればこの関数は前記の一次元の波に一致する。

例えば，空間周波数 1 の空間波を考えると波長は 1 m となる。この二次元関数 f の 1 m 四方の平面内での形を **図 4.14** に示す。二次元の図形であり，周波数 F（横方向は F_1，縦方向は F_2）の変化によりその形が変化している。この関数が輝度（明るさ，暗さ）を表現するものであれば，この図形は明暗のパターン（例えば値 0 が中間調，＋ は明，− は暗）をもつ画像となる。

フーリエ変換は空間の波に対しても成立し，空間領域と空間周波数領域との関係となる。したがって，音波の場合と同様に，異なる空間周波数，振幅の波を組み合わせれば任意の明暗（白，灰，黒）のアナログ画像が表現できる。さらに 3 種類の関数で三原色の画像を表現して重ね合わせればアナログカラー画像が表現できることになる。

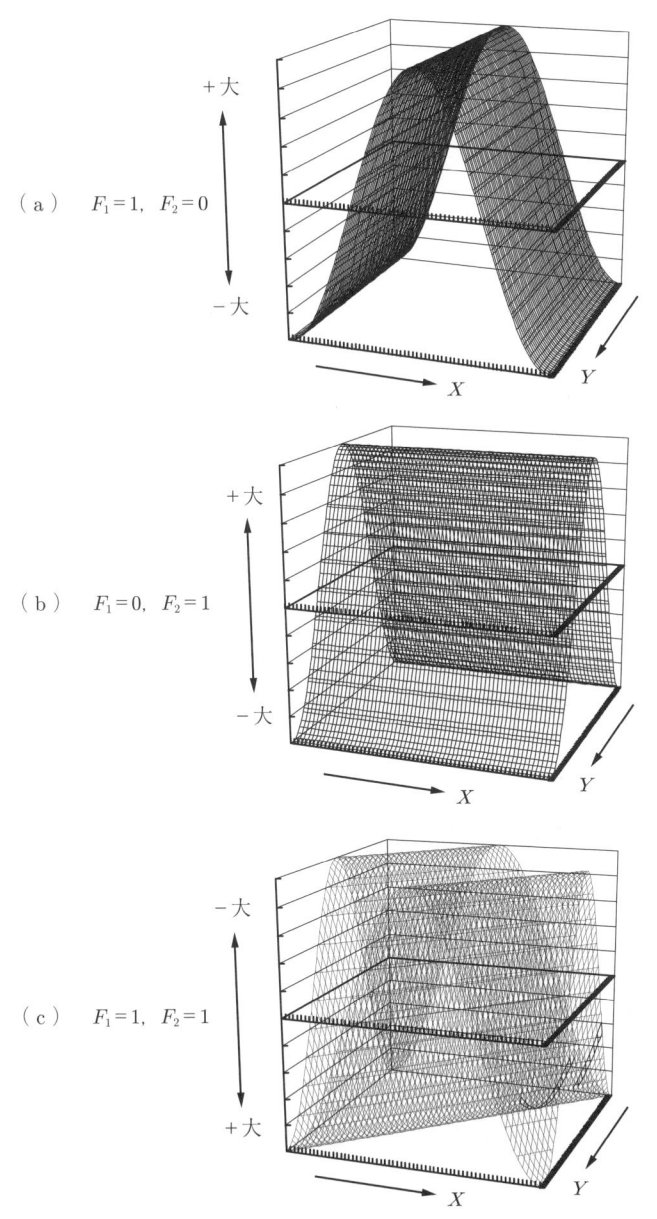

（ a ） $F_1 = 1$, $F_2 = 0$

（ b ） $F_1 = 0$, $F_2 = 1$

（ c ） $F_1 = 1$, $F_2 = 1$

F は空間周波数，座標 X, Y の範囲は $-0.5 \sim +0.5$ m
（注：図（ c ）は式（4.8）を上下逆転して表示）

図 **4.14**　二次元の正弦波による空間関数

4.4.2　二次元静止画像の標本化と量子化

二次元の画像をディジタル化するには，上記の関数 f を空間で標本化し，さらに個々の標本を量子化しなければならない。

二次元空間での図形の標本化は，その図形に一定の規則により配置された格子を重ね，格子の交点での図形の輝度，色彩を標本とすることに相当する。標本化された個々の点を**画素**または**ピクセル**（picture element，pixel，picture cell）と呼ぶ。また，画像を画素の集合として表現する方式を**ビットマップデータ表現**と呼ぶ。

格子の形状は種々のものがあるが，**図 4.15** に示す 2 種が代表的である。図 (a) の正方形格子は直交座標との親和性が高く，格子点の位置を指定しやすいので広く用いられる。3.2 節で述べたアナログテレビジョン方式における走査線（ラスタ）は（水平ではなくやや右下がりだが）この正方形格子において横方向の画素を並べた線と相似である。そのため正方形格子を用いた標本化はラスタ形式と呼ばれることもある。

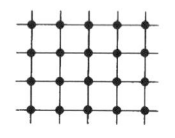　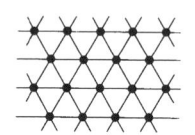

（ a ）　正方形格子　　　（ b ）　正三角形格子

図 4.15　二次元の標本化における点のとり方

一方，図 (b) に示した正三角形格子は隣接する画素への距離がすべて同一であり，平面から均一に標本を取り出すことになるので画の表現能力に優れているといわれ，ディジタルカメラなどに用いられる。

静止画のディジタル化では，それぞれの次元の空間周波数に対してナイキスト・シャノンの定理が適用されることになる。すなわち，信号における最も高い空間周波数の 2 倍を越える空間周波数で（すなわち，最も短い波長の 1/2 未満の間隔で）標本化すればよい。

　量子化における量子化雑音の防止の条件には時間関数，空間関数で物理的な相違はなく，それぞれに対する人の感覚上の許容値により決められる。一般に画像信号の量子化に必要な語長は $7 \sim 12\,\mathrm{bit} \times 3$ （色）$/1$ ワードとされている。

4.4.3　二次元動画像の標本化

　ディジタルテレビジョン信号のようなディジタル動画像においても，静止画の場合と同様にナイキスト・シャノンの定理で決められる値以上の標本化空間周波数を用いる必要がある。さらに，1秒間に30枚というような頻度で画面を伝送しなければならない。このため，単位時間に伝送すべき情報の量は大きなものとなる。例えば，走査線が525本の NTSC カラーテレビジョン方式において水平，垂直での画素の密度を同一と考えると，1秒間に伝送すべき画素の数は式 (4.9) のように算出される。

$$525 \times \left(525 \times \frac{4}{3}\right) \times 30 = 11\,025\,000 \tag{4.9}$$

　したがって，一次元信号化した後の信号伝送に要求される標本化周波数は約 $23\,\mathrm{MHz}$ 以上となってしまう。

　実際には，3.2 節で述べたように走査により一次元化された動画像信号は周期性が高いので，1.3 節で述べたように周波数領域では飛び飛びの線スペクトルに近い信号となる。いまスペクトル線の周波数間隔が F_H のとき，標本化周波数 F_S を

$$F_S = \left(n + \frac{1}{2}\right) F_H \tag{4.10}$$

（n は整数）とすれば，周波数軸上で折返し成分のスペクトル線が本来のスペクトル線の間に入るので，くし形フィルタで分離することができる。したがって，標本化周波数はナイキスト・シャノンの定理から要求される値より低くてもよい。これを周波数インタリーブ標本化，またはサブナイキスト標本化と呼ぶ。

　テレビジョンの画像信号は，水平同期周波数を間隔とする線スペクトルに近いスペクトル形状をもつのでこの方法は有効であり，上記の値より低い標本化

周波数を用いることもできる。しかし，これだけでは数分の一といった大幅な
情報圧縮は難しい。

4.4.4　コンピュータでの画像信号の取扱い

コンピュータ内の画像信号は静止画，動画の1画面いずれも最終的に図4.15
のように配列された個々の画素の値をディジタル符号で表示した数字列で表現
される。これが前述のビットマップデータ表現である。しかし，画像の種類，
形状が特別な性質をもつものに限られる場合，これとは異なるデータ表現を用
いてデータ蓄積装置の節約や伝送すべき情報量の倹約が行われる。特に下記の
表現は広く普及している。いずれも情報圧縮技術の一種とみなされるが，ビッ
トマップデータ表現との間の変換による情報の本質的な欠落は生じないように
できる。

（1）　ベクトルデータ表現　　画像が設計図など主として線画に限られる場
合は，線の種類，出発点および終点の位置，途中の形状などをデータとして記
述し，再現にあたっては，これらのデータを計算してビットマップデータを作
成する方式をとることによりデータの総量を削減できる。

（2）　コードデータ表現　　画像が文字など所定のパターンに限られる場合
は，個々のパターンに符号（コード）を付与してデータとすることによりデー
タの総量を大幅に削減できる。代表例が文字データの表現方法として用いられ
る ASCII コード，JIS コードである。タイプライタなど文字出力専用機への信
号授受にはこの形式が適している。

コンピュータのためのディジタル静止画像の例として，広く用いられている
MS Windows パソコンのディスプレイの表示方式に注目しよう。

ビットマップデータ表現を採用しており，画面は正方形格子で標本化され表
示される。現在は，1920×1024 点（FHD），および 3840×2160 点（4K）での
標本化が一般的である。前者は地上ディジタルテレビジョン，後者は 4K テレ
ビジョン放送の精細度に相当する。

1 画素当りの情報量は，RGB（赤緑青）それぞれ 8 bit，計 24 bit を割り当

てる true color モードが一般的である。この場合，1 画面当りの情報量の総計は FHD 画面で 49 766 400 bit（約 6 Mbyte），4K 画面では 199 065 600 bit（約 25 Mbyte）となる。

　実際の表示装置は液晶，有機 EL などの表示パネルを用い，テレビジョンと類似の動画像再生方式をとっている。すなわち，コンピュータ内の画像処理部は一時記憶装置に格納された画像情報を順次に読み出し，垂直同期，水平同期信号とともに一定の時間間隔で表示装置に送っており，表示装置はこの時間間隔で画面を更新している。この更新の周波数はテレビジョンにおける垂直同期信号の周波数に相当する。実際にはこの周波数はコンピュータの画像処理部の構成，性能により決められるが，通常のテレビジョンの 60 Hz より高いものが多く，倍速の 120 Hz 以上のものも少なくない。またインタレース走査を行わず全画面を毎回更新しているので，表示の精細度はさらに高く感じられる。

　決められた記憶素子を繰り返して読み出す静止画像では，こうした高速，高精細の画面表示が比較的容易である。しかし，同じ速度と精細度で動画像を表示しようとすると膨大な量のディジタル情報を伝送し，記録や表示を更新しなければならない。例えば，true color モードの 4K 画像を毎秒 120 画面（120 Hz）で表示するためには 23 887 872 000 bps と 20 Gbps を超える速度を要する。そのため，HDMI のように高速な画像情報用インタフェース（表 6.1 参照）が開発され広く用いられている。

　このため，後述するようにディジタル動画像の伝送，記録，再生には何らかの情報圧縮処理を用いるのが一般的である。

4.5　PCM を基礎とした種々のディジタル方式

　上記までに述べたようにパルス符号変調（PCM）によるアナログ信号のディジタル化技術はマルチメディアシステム技術の基本となっている。ここでは，従来の PCM 方式に変形を加えて新しい特徴を与えるいくつかの工夫について述べる。いずれも主として音響信号の記録において開拓され，広く用いられて

いる。

4.5.1 オーバサンプリング

4.2.1 項で述べたように，信号の標本化に際してはアンチエリアシングフィルタを用いて信号の周波数帯域を制限しておかなくてはならない。このフィルタはアナログ電子回路を用いて構成することなる。半導体スイッチング回路の速度が遅く，ナイキスト・シャノンの定理で与えられる値に近い標本化周波数を用いざるをえない時期には，このフィルタに鋭い遮断特性を要求した。このため複雑なアナログ回路を要し，特性のばらつきなどによる弊害が発生するなどの問題があった。ディジタルフィルタ（ソフトウェアにより計算するフィルタ）を用いることができればこうした弊害は解消される。

半導体スイッチング回路の速度が高速になり，標本化周波数を信号の上限周波数の数倍程度に設定できるようになり，オーバサンプリングと呼ばれる技術を用いて帯域制限をディジタルフィルタで行い，入出力段のアナログフィルタの負担を軽減できるようになった。

図 4.16 にオーバサンプリングの手順を示す。アナログ信号を必要な周波数帯域より，例えば 4 倍高い遮断周波数の低域フィルタで帯域制限し（図 (a)），4 倍高い周波数で標本化してディジタル信号とする（図 (b)）。これをディジタル

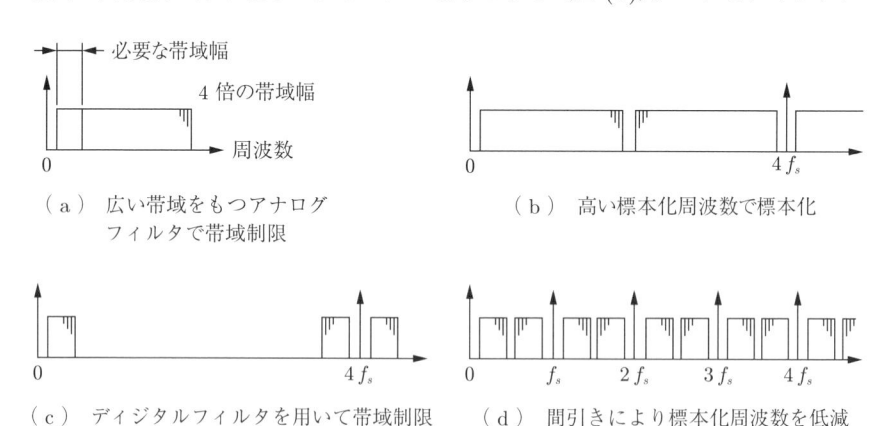

図 4.16 オーバサンプリングの手順

フィルタで必要な帯域幅に制限する（図 (c)）。その後ディジタル信号の標本を
間引き（デシメーション）を行って 1/4 に減らすと標本化周期が 4 倍になり，
1/4 の標本化周波数を用いたのと等価になる（図 (d)）。音響信号の場合は，通
常よりも数倍高い標本化周波数を用いると，入力段のアナログ低域フィルタは
ほとんど不要となるといわれる。

4.5.2　Δ－Σ　変　調

Δ－Σ 変調はパルス符号変調（PCM）とは異なる発想による線形ディジタ
ル変調方式であり，スイッチング素子の高速化とともに広く用いられるように

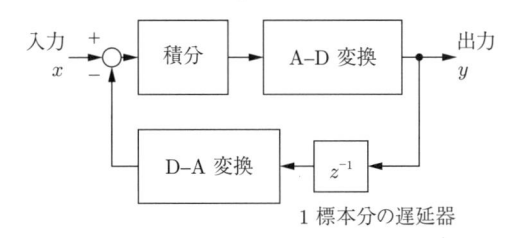

（ a ）　Δ-Σ 変調方式の一般形

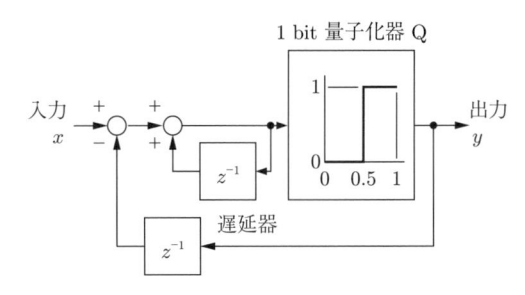

（ b ）　1 bit 1 次 Δ-Σ 変調方式（入力値 0〜1）

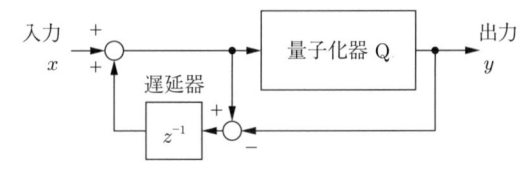

（ c ）　等価変換された回路

図 4.17　Δ－Σ 変調方式の概念

なった。ここで，その基本となる **1 bitΔ–Σ 変調方式**の動作を観察する。

図 4.17 に Δ – Σ 変調方式の概念を示す。図 (a) は一般形である。この方式では標本化されたアナログ信号を単純に量子化するのではなく，量子化前に積分し，量子化出力値を入力に帰還して減算する。

図 (b) は最も簡単な 1 bit1 次 Δ – Σ 変調方式で，簡単のために入力信号を 0〜1 と仮定し，量子化器は 0.5 付近の入力値を境界として 0 または 1 を出力すると考える。1 bit 量子化の場合は帰還路の D-A 変換器は不要となる。図 (c) は図 (b) を等価変換して遅延器を 1 個にまとめた実用的な回路である。

図 (c) の回路の各部の初期値を 0 とし，大きさ 0.25，0.5，0.75 の標本化された直流信号が加えられたときの各部の入力と出力の値を**表 4.9** に示す。ただし，量子化器の出力 0，1 の境界は入力 0.5 よりわずかに低レベルに設けられていると仮定した。出力信号は入力が 0.25 のとき 10001000···，0.5 のとき 10101010···，0.75 のとき 11101110··· となり，パルス密度変調というべきディジタル化が行われることがわかる。したがって，Δ – Σ 変調方式ではディジタル信号を単純に低域フィルタを通して「ならす」のみで D-A 変換が実現され，復調が簡単な点が特徴となっている。

また，Δ – Σ 変調方式ではディジタル信号を帰還して減算するため，量子化器で加えられる量子化雑音が微分され，その周波数成分が高い周波数領域に集

表 4.9　1 bit 1 次 Δ – Σ 変調における各部の入力と出力の例

入　　力	0	0.25	0.25	0.25	0.25	0.25	0.25	0.25	0.25
量子化器入力	0	0.25	0.5	−0.25	0	0.25	0.5	−0.25	0
出　　力	0	0	1	0	0	0	1	0	0
遅延器入力	0	0.25	−0.5	−0.25	0	0.25	−0.5	−0.25	0
遅延器出力	0	0	0.25	−0.5	−0.25	0	0.25	−0.5	−0.25
入　　力	0	0.5	0.5	0.5	0.5	0.5	0.5	0.5	0.5
量子化器入力	0	0.5	0	0.5	0	0.5	0	0.5	0
出　　力	0	1	0	1	0	1	0	1	0
遅延器入力	0	−0.5	0	−0.5	0	−0.5	0	−0.5	0
遅延器出力	0	0	−0.5	0	−0.5	0	−0.5	0	−0.5
入　　力	0	0.75	0.75	0.75	0.75	0.75	0.75	0.75	0.75
量子化器入力	0	0.75	0.5	0.25	1	0.75	0.5	0.25	1
出　　力	0	1	1	0	1	1	1	0	1
遅延器入力	0	−0.25	−0.5	0.25	0	−0.25	−0.5	0.25	0
遅延器出力	0	0	−0.25	−0.5	0.25	0	−0.25	−0.5	0.25

中する。したがって，標本化周波数を制御して信号のダイナミックレンジを拡大することができる。電子回路が簡単であり，無調整組立てに適しているのも $\Delta - \Sigma$ 変調方式の特徴とされている。

4.5.3 正弦波のディジタル変調

電話信号の PCM 伝送方式や ISDN システムでは元のアナログ信号をディジタル化したパルス状の信号をそのまま伝送していた。これに対して，3 章で述べた AM，FM のように，正弦波を搬送波（キャリア）として用い，その振幅または位相の変化を用いてディジタル信号を伝送する方式があって，多くの利点をもつとされている。例えば，周波数帯域 3.4 kHz の電話信号帯域を用いて 9600 bps やそれ以上のディジタル信号を送受するようなことも可能となる。ここでその手法と応用例を述べる。

いま，図 **4.18**(a) のような $A_0 \cos(2\pi f_0 t)$，$-A_0 \cos(2\pi f_0 t)$ という同振幅逆位相の 2 種の信号を 1/2〜1 周期の長さの素片に切り出して，それぞれに 1 および 0 を割り当て，順次に送出すれば周波数 f_0 の搬送波をディジタル位相変調したことになる。これを **BPSK**（binary phase shift keying）と呼ぶ。この 2 種の正弦波はベクトル空間では原点からの長さ A_0 の線となり，その先端の位置は図 4.18(b) の黒丸印で表される。

この方法の拡張として，図 **4.19**(a) のように搬送波の位相を $\pi/4$，$3\pi/4$，$5\pi/4(-3\pi/4)$，$7\pi/4(-\pi/4)$ だけ変化した 4 種の波を切り出し，それぞれ符号

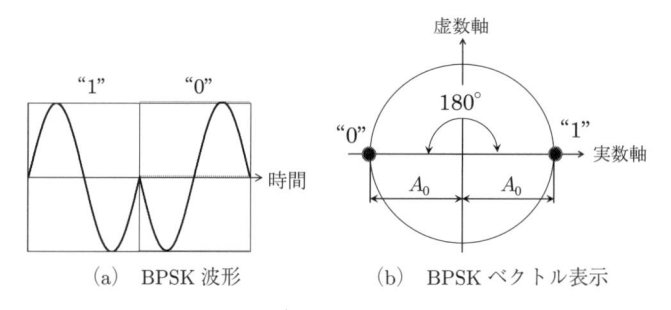

(a) BPSK 波形   (b) BPSK ベクトル表示

図 4.18 BPSK

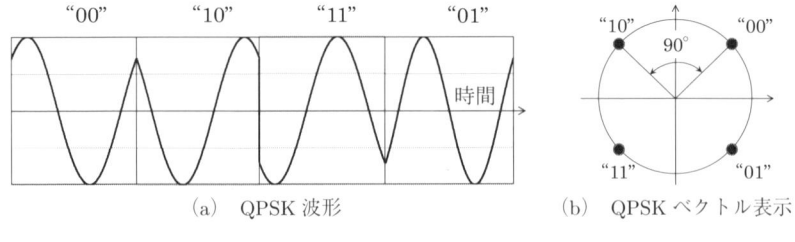

(a) QPSK 波形   (b) QPSK ベクトル表示

図 **4.19** QPSK

00，01，11，10 を割り当てて順次伝送すると，一つの素片で 2 bit の情報を送ることができる。これを **QPSK**（quadrature phase shift keying）と呼ぶ。これは 4 QPSK，4 値位相変調とも呼ばれ，携帯電話の搬送波変調方式などに用いられる。また，これに縦横軸上の位相 0，$\pi/2, 3\pi/2$ を加えて 8 値とした 8 PSK は衛星ディジタル放送に用いられる。

さらに，伝送路の状態が良いときには**図 4.20** のように振幅も変化して，1 素片が 4 ビットを表す **16 QAM**（16 quadrature amplitude modulation），1 素片が 8 ビットを表す 64Q AM も用いることが可能となる。振幅，位相いずれも多種に変化する伝送方式はアナログ伝送に近づいたものといえるが，受け取り側で元のディジタルデータを正確に再現できる特徴は変わらない。

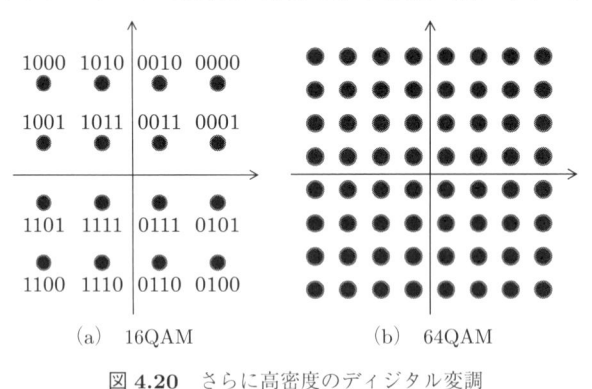

(a) 16QAM   (b) 64QAM

図 **4.20** さらに高密度のディジタル変調

4.5.4 OFDM

上記の技術を拡張して，**図 4.21** のように周波数の比が整数倍となっている複

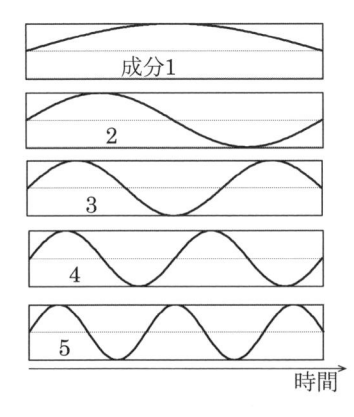

図 4.21 複数の正弦波素片

数の正弦波素片を用い，それぞれをディジタル変調すると信号を多重化して伝送できる。図では正弦波の半波長を最低周波数の成分としているが，これ以外の選択も可能である。例えば旧来の銅線による電話回線を用いたディジタルネットワークアクセス方式（ADSL，わが国では 2023 年 1 月（場所により 2025 年 1 月）まで用いられた）では，アナログ電話信号の周波数帯域を避けて 25.875 kHz を最低周波数とし，4.3 kHz 間隔で正弦波を配置した。これは 6，7，8··· 倍の周波数の正弦波群を用いたことになる。

使用する正弦波が有限長なので，その周波数スペクトルは線スペクトルではなく幅広く拡散する。整数倍の比の正弦波群を用いるのは，**図 4.22** のようにそれぞれの正弦波成分のスペクトルのピーク周波数で他の成分の振幅が 0 となり，

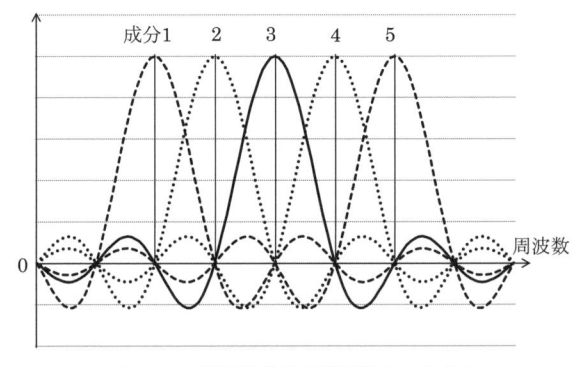

図 4.22 正弦波成分の周波数スペクトル

相互の干渉が少なくなるためである。これを正弦波の直交性（orthogonality）と呼び，こうした多重変調方式を **OFDM**（orthogonal frequency division multiplexing）と呼ぶ。

　OFDM 方式は周波数帯域を効率的に用いることができるので，後述するようにディジタルテレビジョンシステム，第 4 世代（4G），第 5 世代（5G）モバイル電話システムなど，種々の分野で用いられている。

レ ポ ー ト 課 題

1. ディジタル信号伝送，処理システムを構築するときには，入力アナログ信号に標本化周波数を超える周波数の成分がどの程度含まれているかを見極め，低域フィルタの特性を決めなければならない。電話用 PCM システムにおけるフィルタ設計の考え方を調査して報告せよ。
2. 図 4.14 は，二次元フーリエ変換の基底関数の最低次のものを表している。図 **4.23** はそれぞれの波形を上から眺め，山の位置を太線で示した略図である。ただし，$F_1 = F_2 = 0$ の場合は一定値となるため山の線はない。

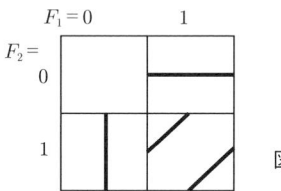

図 **4.23**

図 4.23 を $F_1 = F_2 = 8$ まで拡張して作成せよ。なお，結果は後述 5 章の図 5.20(b) で振幅値を与える空間周波数成分の基底関数の形を与えるものとなる。

なお，基底関数については 5.2.1 項を参照のこと。

第 5 章
信号適応ディジタルシステム技術

5.1 時間領域の処理

　符号化のための信号処理には種々の方式があるが，信号波形をなるべく忠実に伝送することを前提とする符号化処理方式のほか，信号のひずみを是認し，記憶，演算というディジタルシステムならではの有用な機能を活用する符号化処理方式がある。前章までに述べた PCM，$\Delta - \Sigma$ などは基本的には前者に属する。

　本章で述べる後者の技術は下記の 2 種に大別される。

a) 元のアナログ信号の牲質をもとに，冗長な部分を省略する手法。一般に受信側で元の信号を修復できる。

b) 人の聴覚や視覚などの性質をもとに，省略しても感覚に影響を与えない部分を削減する手法。情報圧縮量はより大きくなるが，一般に受信側では元の信号を完全には修復できない。

　現在のマルチメディアシステムでは a) のほかに b) を活用したものが主流だが，a) のみで十分な情報圧縮量が得られ，受信側で原信号を再現できる手法が次々に実用化されている。

5.1.1 DPCM

　信号圧縮処理は時間領域での波形処理から実用化され，周波数領域での処理に発展した。そして，さらに高度に圧縮するために時間領域での処理に戻って

きた感がある。また，現在実用されているシステムでは，信号の時々刻々の変化に応じて処理のパラメータを適応させる技術を用いている。

　信号波形に問題となるようなひずみを残さない範囲で，信号の状態に則して伝送すべき情報量の圧縮を行う例として，4.3 節で述べた電話用 PCM 方式での信号の圧伸があげられる。この方式の採用により，ワード長 13 bit 程度の精度の符号化が必要な電話信号をワード長 8 bit で PCM 符号化することが可能となっている。これは，大振幅の信号に対して量子化のステップを節約することにより，量子化雑音が増加しても聴感上問題がないことを利用したものである。すなわち，大振幅信号にある程度のひずみを許容することによって伝送すべき情報の圧縮を行ったものとみなされる。

　信号の記憶，演算機能を駆使してアルゴリズムを簡明なものにした**適応 PCM**（adaptive PCM：**APCM**）と呼ばれる符号化方式がある。これは直前の信号の大きさに応じて量子化ステップ幅を制御するものである。正負の値をとる 3 bit の信号に適用する例を**表 5.1** に示す。前の信号が最大振幅の 1/2 より大きければつぎの信号の量子化ステップを増加して粗い量子化を行い，小さければ量子化ステップを減少させて細かく量子化する。

表 5.1　3 bit 信号による APCM の係数

	符　号	量子化ステップの 係　数
正	0 11	1.75
	0 10	1.25
	0 01	0.9
	0 00	0.9
負	1 11	0.9
	1 10	0.9
	1 01	1.25
	1 00	1.75

　この方式は，人の声や音楽，または画像信号のようなアナログ波形に由来する信号が標本化周期程度の短い時間に急変することは少ないと予想できることを前提にしている。実際，これらの信号を分析すると一般に高周波数の成分に

比べて低周波数の成分が多く，コンピュータの数値データなどと異なり時間領域において自己相関が高い。

こうした性質を用いて，時間的または空間的に前後する信号から当該信号を予測し，その値と実際の値との偏差を符号化して伝送することにより，実用的な品質を保持しながら伝送する情報の量を圧縮することができる。これを**予測符号化**と呼ぶ。具体的には信号 x_n を前後の信号の線形結合値

$$\tilde{x}_n = \sum_{i \neq n} \alpha_i x_i \qquad （ただし，\alpha は定数） \tag{5.1}$$

で予測し，その差

$$e_n = x_n - \tilde{x}_n \tag{5.2}$$

を送信する。受信側ではすでに受けた信号から予測値を計算し，これに e_n を加えれば信号 x_n が得られる。

最も簡単な方法は一つ前の信号を予測値とし

$$e = x_n - x_{n-1} \tag{5.3}$$

から得られる差 e の値を PCM により伝送するもので，**差分 PCM** (differential PCM : **DPCM**) と呼ばれる。概念を**図 5.1** に示す。信号の値 x よりその差分 e のほうが変化範囲が小さく，符号化しやすいことが推測されよう。この方法は予測符号化の代表例とされる。

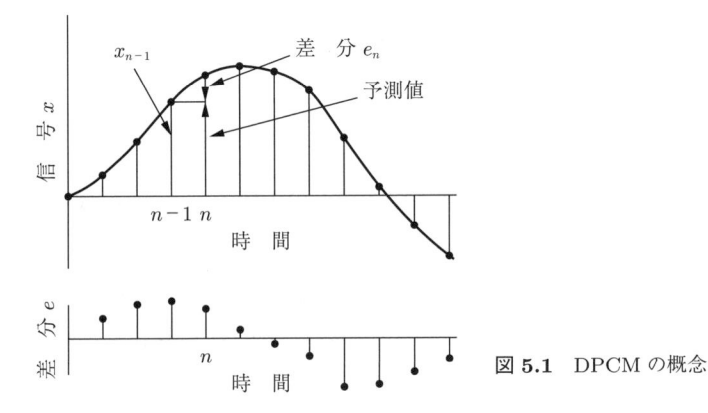

図 5.1 DPCM の概念

5.1.2 ADPCM

上記の適応 PCM と差分 PCM を組み合わせ，差分 e の符号化に際して量子化ステップの係数を差分の大きさに適応させて変化する方式を**適応差分 PCM**（adaptive differential PCM：**ADPCM**）と呼ぶ。この方式では，例えば電話音声信号を PCM 方式の 1/2，すなわち 4 bit のワード長で実用上音声品質劣化なしに伝送できる。差分は 16（± 8）ステップで量子化することとなるので表5.1 の片側に相当する係数値は，例えば

    2.4, 2.0, 1.6, 1.2, 0.9, 0.9, 0.9, 0.9

とすればよい。さらに，複数の信号から予測すれば差分 e をさらに小さくできる。図 **5.2** の (a)，(b) はそれぞれ二つの信号から

$$\begin{cases} \tilde{x}_n = 2x_{n-1} - x_{n-2} \\ \tilde{x}_n = 0.5x_{n-1} + 0.5x_{n+1} \end{cases} \tag{5.4}$$

と予測するものである。後者は未来の信号を予測に用いるため，信号を記憶装置に蓄積し，処理後読み出すことが前提となるので信号の遅延を伴う。

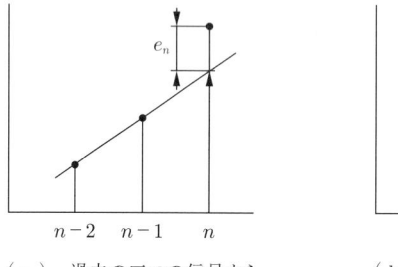 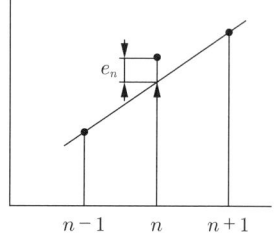

（ａ） 過去の二つの信号から　　　（ｂ） 前後の二つの信号の平
　　　 線形予測する方式　　　　　　　 均から予測する方式

図 **5.2**　二つの信号から線形予測する方式の例

　ADPCM は，簡易モバイル電話システムの PHS（Personal Handyphone System, 表 5.3, 5.3.5 項参照）に用いられていた。また，電話の 2 倍程度（7 kHz）の周波数帯域をもつ AM ラジオ信号や遠隔会議通信の音声伝送などには，4 kHz を境界として帯域を 2 分割し，それぞれを ADPCM で伝送する**サブバンド ADPCM** が用いられる。

5.2　周波数領域の処理

ここでは，周波数領域での処理を駆使して音響信号の情報量を圧縮し，伝送，記録，再生する方式を述べる。これは信号のひずみを伴う符号化であるが，実用上必要な情報を保存しながら伝送などを高能率化するよう配慮されている。典型的な例として **MPEG**（Moving Picture Experts Group）**オーディオ方式**と呼ばれる変換符号化の方式に着目する。これは信号を時間関数から周波数関数に変換し，それぞれの周波数帯域ごとに符号化する方法である。一般に音響信号では周波数成分が特定の周波数領域，多くは比較的低周波数の領域に偏在している。そこで，信号をいくつかの周波数領域（サブバンド）に分割し，それぞれのサブバンドのパワーおよび聴覚特性からの重要性に応じてビットを割り当てることにより情報圧縮を行う。

5.2.1　周波数領域における基本的な分析

はじめに信号を周波数領域で処理するための基本技術として，信号を周波数分析する手法を述べる。実際には時間的に長く連なる音響信号，画像信号などを適当な長さのセグメントに分割し，個々のセグメントの周波数成分を求めて処理し，伝送する，受信側ではセグメントをつないで信号を再生する，という手順を踏む。特に音響信号では切出しの境界での雑音発生を避けるため，セグメントの端部が重なるようにして分割するのが一般的である。

実用システムに用いられる周波数分析には下記のような方法がある。

（**1**）　**フィルタによる周波数成分の分析**　　多数の帯域フィルタを組み合わせたフィルタバンク（サブバンドフィルタ）があれば信号を周波数帯域に分割することができる。また，高域フィルタと低域フィルタの組合せにより帯域の2分割を繰り返すことによって信号を2のべき乗倍の数の周波数帯域に分割することができる。多相フィルタバンク，直交鏡像フィルタなどが用いられる。

（**2**）　**離散フーリエ変換**（discrete Fourier transform：**DFT**）　　1.3.2項

で述べた離散フーリエ変換を用いた周波数分析はこの目的に便利な道具である。信号の関数は時間領域，周波数領域ともに周期的かつ離散となる。数値計算には**高速フーリエ変換**（**FFT**）アルゴリズムを用いることができる。離散フーリエ変換の基底関数はつぎのようになる。

$$\exp\left(-j2\pi\frac{pn}{N}\right)$$

（**3**）　**離散コサイン変換**（discrete cosine transform：**DCT**）　　信号を偶関数と仮定すると，離散フーリエ変換における周波数領域の値が実数のみとなり，データの量が半分になって計算が簡易化される。DFT と類似の方法だが，周波数領域のデータが実数となるためデータ数が半減するので，同じ記憶容量で区間長を $2N$ とすることができる。基底関数として複素指数関数ではなくつぎのような cos 関数を用いる。

$$\cos\left\{\frac{(2n+1)p\pi}{2N}\right\}$$

これを用いた変換および逆変換の式は式 (5.5)，(5.6) のように与えられる。

$$X_p = \left(\frac{2}{N}\right)^{\frac{1}{2}} k_p \sum_{n=0}^{N-1} x_n \cos\left\{\frac{(2n+1)p\pi}{2N}\right\} \tag{5.5}$$

$$x_n = \left(\frac{2}{N}\right)^{\frac{1}{2}} \sum_{p=0}^{N-1} k_p X_p \cos\left\{\frac{(2n+1)p\pi}{2N}\right\} \tag{5.6}$$

ただし，$k_0 = 1/\sqrt{2}$，それ以外の k_p は 1 とする。

基底関数の例として $N=8$，$P=1\sim4$ としたときの値を**図 5.3** に示す。出発点がおおむね 1 のコサイン関数となっている。

（**4**）　**変形離散コサイン変換**（modified discrete cosine transform：**MDCT**）　　離散コサイン変換の基底関数を下記のように変形し，範囲を $2N$ とした変換が定義できる。

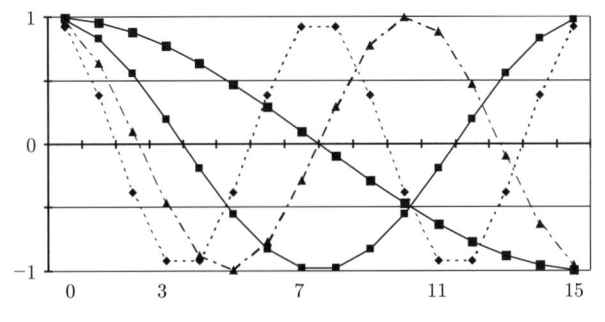

図 **5.3** 離散コサイン変換の基底関数の例

$$\cos\left\{\frac{(2n+1+N)(2p-1)\pi}{4N}\right\}$$

この基底関数の N=16, $P = 0$~3 の場合の例を図 **5.4** に示す。出発点の値がそろわないが，いずれの曲線も左半分が $N/2$ 付近の両側で奇関数，右半分が $3N/2$ 付近の両側で偶関数になっている。

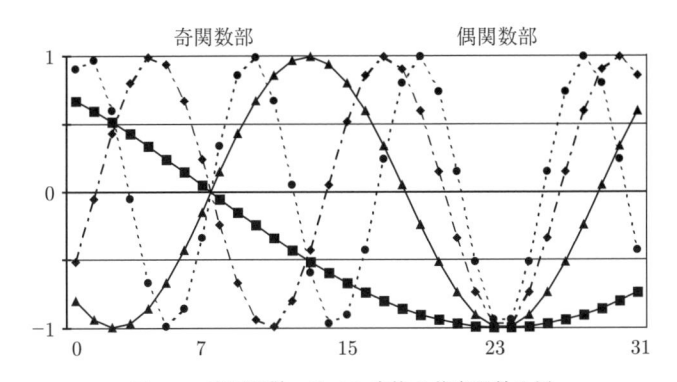

図 **5.4** 変形離散コサイン変換の基底関数の例

前述のように，音響信号の分析では切出しの境界での雑音発生を避けるため，切り出す範囲をオーバラップさせる。基底関数の左右がそれぞれ偶関数，奇関数となっている離散コサイン変換は，左右の範囲を 50%ずつオーバラップさせて変換すると左右のセグメントの境界での干渉が少なくなり，実用的に有用である。

5.2.2 MPEG オーディオ方式の基本構成

信号の周波数軸上での処理を活用したシステムとして，MPEG オーディオ方式の音響信号処理アルゴリズムがあげられる。MPEG システムでは，音響（オーディオ）信号および画像（ビデオ）信号をエンコードしてそれぞれの符号列を作成する。この符号列はエレメンタリーストリームと呼ばれ，これを分割してパケット化し，多重化して送出する部分と，これを受けてデコードする部分が組み合わされる。MPEG 規格では，パケット化からデコードまでを規定しており，エンコードについては自由度を残してある。MPEG システムの全体像と画像処理については 5.6.2 項で述べ，ここではオーディオ方式を解説する。

MPEG オーディオ方式の基本構成を**図 5.5** に示す。写像部で信号の周波数分析を行ってサブバンドに分割する。エンコーダでは聴覚の時間・周波数特性を表す聴覚心理モデルに基づいて，サブバンドごとに必要最小限の量子化のビット数を割り当てて符号化する。したがって，フレームごとにビット配分の情報が発生する。こうした情報群に制御信号などの補助信号（アンシラリデータ）を加え，ビットストリームにまとめて伝送，記録，再生する。

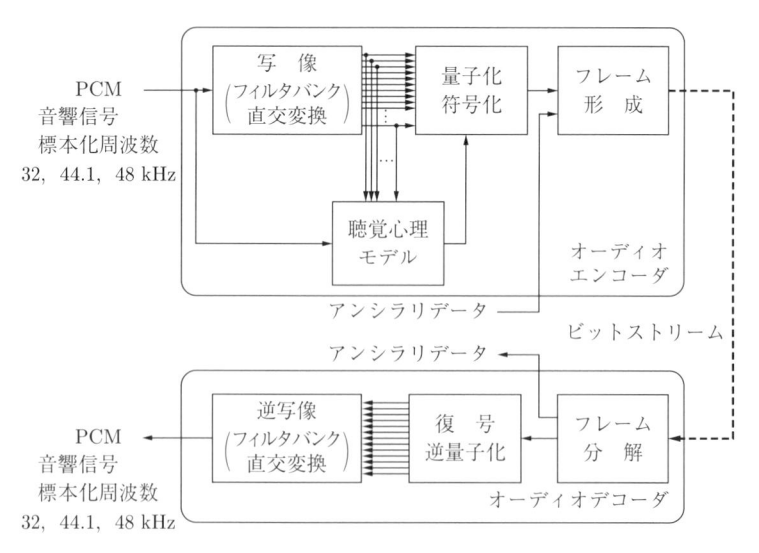

図 5.5 MPEG オーディオ方式の基本構成

5.2.3　写　　　　　像

時間領域の信号を周波数分析して周波数領域に変換する操作を写像と呼んでいる。MPEG-1 レイヤ I, II では多相フィルタ分析を用いて 32 のサブバンド信号（帯域信号）に分割し，さらに一定時間長のブロックごとにスケールファクタを計算してダイナミックレンジをそろえる。

MPEG-1 レイヤ III ではまず，レイヤ I, II と同じサブバンドフィルタで 32 の帯域信号に分割し，それぞれの時間系列に対して 5.2.1 項で述べた離散コサイン変換（MDCT）を用いて符号化する。例えば，1152 サンプルを 1 フレームとし，32 のサブバンドに分割すると，各サブバンドのデータは 36 サンプルとなる。

このとき，長いブロックの後半にアタック音があると復号化後にプリエコーが発生することがあるので，**図 5.6** のように 2 種のブロック長の時間窓を用意し信号波形により 2 種のいずれかを選んで変換する。その場合，オーバラップ部の形状の整合をとる必要が生じるので時間窓の形状は普通の窓，短い窓，前者と後者の間の窓，後者と前者の間の窓の 4 種となる。

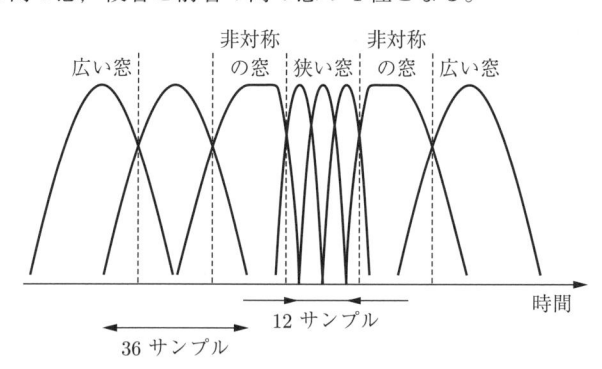

図 5.6　MPEG オーディオ方式における時間窓の構成

5.2.4　聴覚心理モデルによる情報圧縮

MPEG オーディオ方式では，情報圧縮の判断を行うため図 5.5 にあるように聴覚心理モデルを用いる。その説明を**図 5.7** に示す。

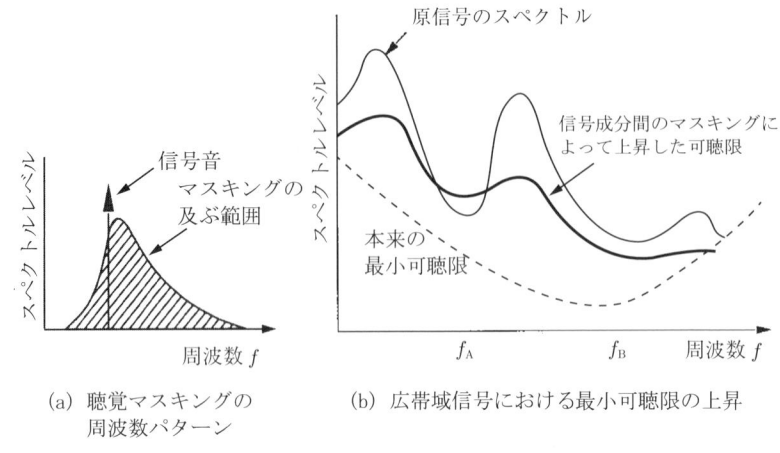

(a) 聴覚マスキングの　　　　(b) 広帯域信号における最小可聴限の上昇
　　周波数パターン

図 **5.7**　聴覚マスキングによる最小可聴値の上昇

　聴覚マスキング現象（2.2.3 項参照）により，パワーの大きな周波数成分のまわりの臨界帯域幅の範囲は最小可聴限が上昇する。それにより図 (a) の斜線の範囲にあるパワーの小さい成分は聞こえなくなる。それより少しレベルの高い成分もラウドネスが小さくなって聞こえづらくなる。

　一般の音楽信号のように広帯域な信号音でも同様の現象が起きる。図 (b) で一番下の破線は本来の最小可聴限である。原信号が与えられると，その信号自身による聴覚マスキングが生じ可聴限が上昇する。

　この可聴限の上昇パターンを聴覚心理モデルにより推定する。入力信号の周波数スペクトルを求め，これに聴覚心理モデルを適用すると原信号自身の周波数スペクトル間のマスキングによって上昇した可聴限の周波数特性（推定値）が求まる（図 (b) 太実線）。周波数 f_A 付近の原信号は上昇した可聴限よりレベルが低いので，聞こえないと判断され符号化を省略する。また周波数 f_B 付近のように，原信号のレベルが可聴限を超えてはいるが，それに近いレベルの場合には割り当てる符号化 bit 数を少なくする。これは心理的な SN 比が低く，量子化ひずみ（量子化雑音）が大きめでも聴感上の影響が少ないとみなせるからである。

　実際に情報圧縮を行った周波数スペクトルの例を原信号のそれと比較して図

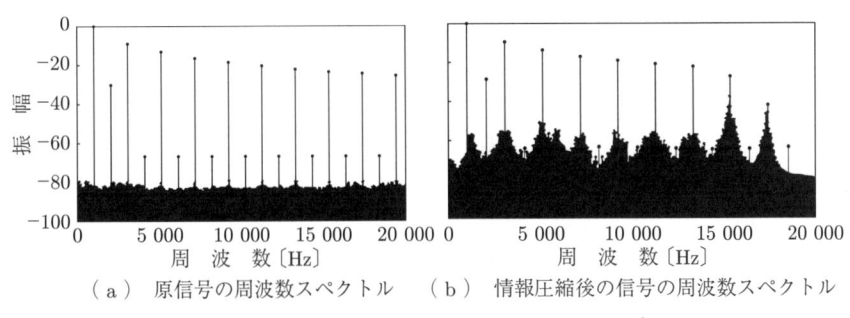

（a） 原信号の周波数スペクトル 　（b） 情報圧縮後の信号の周波数スペクトル

図 5.8 高能率符号化による量子化雑音の増加[1]

5.8 に示す。明らかに雑音成分が増加している。そのため，この圧縮は非可逆であり原信号の完全な再現はできないが，聴覚上の劣化は限定的である。

5.2.5 ビットストリーム

MPEG-1 レイヤ I における 1 フレームの構成を**図 5.9** に示す。左から時間を追って伝送する。また，レイヤ II ではスケールファクタの前にスケールファクタ選択情報が付加される。

ヘッダ	ビット割当て	スケールファクタ	サブバンド信号	アンシラリデータ

図 5.9 1 フレームの構成

MPEG オーディオの規格ではこのビットストリームと復号部，逆写像部を規定し，ビットストリームを作成する写像部，符号化部は規定していない。MPEG オーディオの再生品質が出現当初に比べ時間を経るたびに改善されてきた理由として，規格に規定されていない信号をビットストリームに構成するまでの部分を比較的自由に改変，改良できたことがあげられよう。

5.2.6 品 質 評 価

MPEG オーディオ符号化方式の評価には，5 段階法によるオピニオン評価（1.4.3 項参照）が用いられている。1991 年の MPEG-1 オーディオ公式評価の結果，およびその後に行われた MPEG-2 オーディオの評価結果を**図 5.10** に示す。

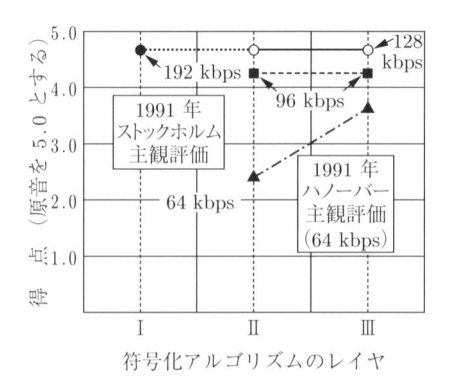

（ a ） MPEG-1音質評価結果

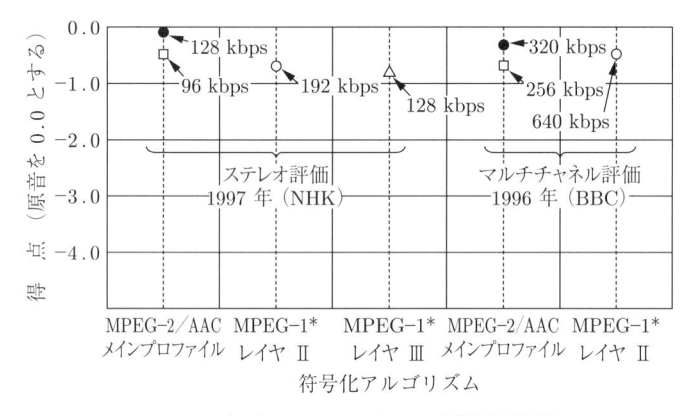

（ b ） MPEG-2/AAC 音質評価結果

＊：MPEG-1 公式評価版ではなく，その後開発された高音質符号化器による

図 5.10 MPEG オーディオ方式の主観評価結果

図 (a) から MPEG1 オーディオレイヤ III（いわゆる MP3）の音質をみると，64 kbps ではレイヤ II の音質をはるかにしのぎ，128 kbps ではレイヤ I の192k bps の音質と同水準であることがわかる。また図 (b) から，MPEG-2AAC（MPEG-2 advanced audio coding）の音質が MPEG1 オーディオのいずれのレイヤよりも優れていることがわかる。

MPEG オーディオ方式，およびこれと類似の技術を用いる音響信号圧縮方式の伝送情報量などの項目を CD と比較して**表 5.2** に示す。ATRAC（adaptive

表 **5.2** AV・オーディオシステム用の方式

方式名	伝送情報量	技術内容	おもな用途	規格など
CD（圧縮なし）	1.4112 Mbps（記録再生は 2.0338 Mbps）	16 bit×44.1 kHz リニア PCM 2 ch	CD	IEC 60908（1987）
ATRAC	最大 148 kbps（チャネル当り）	16 bit×44.1 kHz の PCM 信号 512 個を変換符号化 MDCT 使用 512 サンプル → 212 Byte（二重書きを含む）	MD	（1992）
MPEG-1 オーディオ レイヤ I, II	レイヤ I: 32〜448 kbps レイヤ II: 32〜192 kbps	16 bit×32, 44.1, 48 kHz の PCM 信号を 32 サブバンド変換符号化 聴覚心理分析を用いてビット割り当て インテンシティステレオ	DCC(I) CD ビデオ (II)*1	ISO/IEC 11172-3（1992）
MPEG-1 オーディオ レイヤ III（MP-3）	32〜160 kbps	同上。さらに 2 種のブロック長選択, MDCT 使用 インテンシティおよび MS ステレオ	ネット音楽配信 衛星ラジオ	
MPEG-2 オーディオ BC	MPEG-1 に 16, 22.05, 24 kbps を追加 MPEG-1 上位互換	MPEG-1 に低ビット伝送を追加 アンシラリデータ領域を用いて 5.1ch ステレオに対応	パソコン	ISO/IEC 13818-3,-7（1997）
MPEG-2 オーディオ AAC	8〜128 kbps MPEG-1 と互換性なし	MPEG-1 技術に時間領域量子化雑音整形と予測を追加 5.1ch ステレオ対応 MPEG-2 BC に比べ演算量 2 倍, メモリ 4 倍	衛星ディジタル放送（1024 サンプル/フレーム）ディジタルラジオ*2	
MPEG-4 オーディオ	2〜64 kbps/ch 方式のデパートの感	多アルゴリズム並記 AAC（追加分） Twin VQ CELP HVXC ビットレートスケーラビリティ実現		ISO/IEC 14496-3（1999）

基本技術：周波数領域符号化

*1　中国, シンガポールなどで普及した。

*2　類似の方式として AC-3（ドルビー社）がある。256 サンプル/フレームを採用するなどの相違がある。

transform audio coder：ミニディスクに用いられた）と AC-3 は MPEG とは独立に開発されたものだが，技法としては MPEG の技術に類似のものを用いている。

5.3　音声に特化した信号処理ディジタル伝送とモバイル電話

モバイル電話システムのように信号が主として電話音声に限定され，また伝送できる情報の量に制約が大きく，さらに円滑な対話のため信号処理による時間遅延をなるべく避けたい用途には，専用の情報圧縮システムが必要となる。ここで，ADPCM よりさらに情報量の圧縮が可能な方法として **CELP**（code excited linear prediction）を紹介する。

5.3.1　ボコーダ：CELP の基盤となった技術

音声を分析により合成する方法として**ボコーダ**（vocoder）が検討されてきた。ボコーダではまず入力された音声を一定時間ごとに区切り，それぞれの要素における下記のようなパラメータを取り出す。

1) 有声音か無声音か。
2) 声道のパラメータ。通常は声道の共振周波数で，周波数分析結果の大づかみなエンベロープの山（フォルマント）より求められる。
3) 声帯振動の周波数。周波数分析結果の細かい（周波数の低い）周期性より求められる。ピッチと呼ばれることが多い。
4) 声帯の音の大きさ，または子音となる雑音の大きさ。

これらのパラメータを伝送すれば，受信先では**図 5.11** のような構成で音声を合成することができる。周期的成分と雑音的成分の波形はあらかじめ符号帳として受信先が保有しているのが原則である。

ボコーダを用いると，伝送すべきパラメータの情報量は PCM などを用いて音声波形そのものを伝送する場合よりはるかに少なくなる。

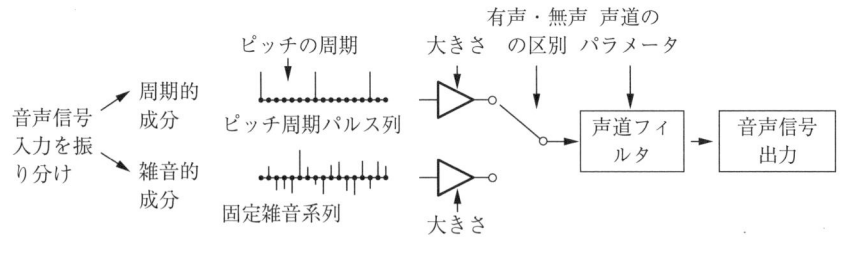

図 5.11 ボコーダにおける音声再現

5.3.2 CELP の基本構成と種類

ボコーダは，伝送すべき情報量の圧縮には効果的だが合成音が一般に低品質なので，いろいろの改良技術が提案された。なかでも CELP は大幅な進歩をもたらす技術で，1985 年に命名されたものである。

CELP 方式の基本構成を**図 5.12** に示す。ボコーダに比べ下記の特徴がある。

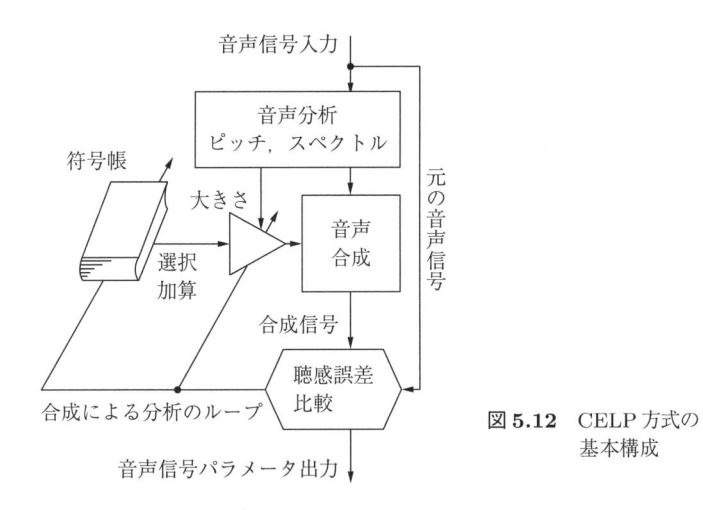

図 5.12 CELP 方式の基本構成

1) 音声の複数のパラメータを複数ビットまとめて量子化するベクトル量子化を行い，その代表的なビット列（ベクトル）を符号として符号帳（code book）にしておく。

2) 送信元で種々の符号帳を用いて音声を合成して元の音声と比べ，聴感的な差異（ひずみ）が最も少ない符号を選択する。

3) その符号帳の番号，コードなどの情報を伝送すれば受信元で同じ音声を合成できる。

　CELP は携帯電話システムなどのための実用技術として，なるべく少ない記憶容量でなるべく速く良好な音声を合成できる情報を選択して伝送できるように改良されてきた。図 **5.13** に示すような雑音的成分の符号帳の進歩を例として種々の CELP 方式を比較する。

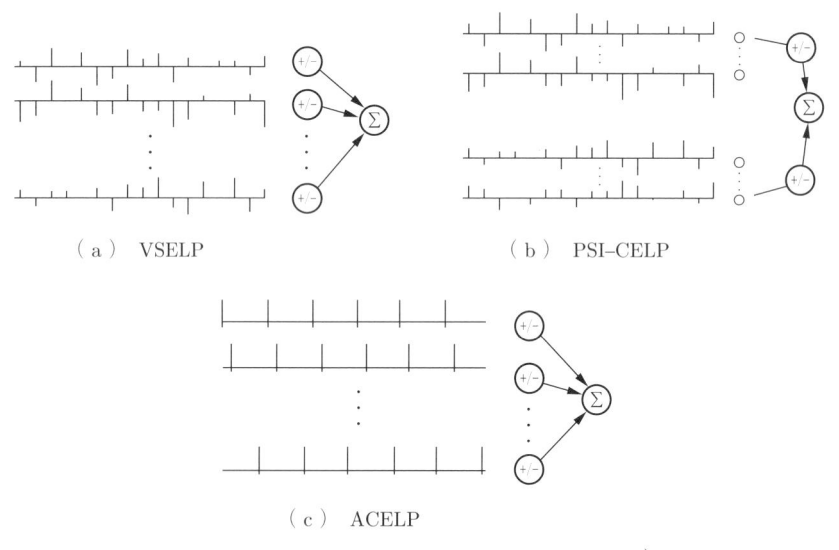

（ a ）　VSELP　　　　　　　　　　（ b ）　PSI–CELP

（ c ）　ACELP

図 **5.13**　種々の CELP 方式における音声符号帳[2]

（ **1** ）　**VSELP**（vector sum excitation linear prediction）　　符号帳を少数にして複数の符号帳の和を用い，個々の符号の極性も伝送する方式。北米，日本の最初のディジタルモバイル電話方式に用いられた。

（ **2** ）　**PSI-CELP**（pitch synchronous innovation CELP）　　2 系統の符号帳から一つずつ選定し，そのコードと個々の極性を伝送する方式。ピッチ同期化を施してから用いるので女性や子どもの声が高品質になる。わが国のハーフレート方式に 1993 年から用いられた。

（**3**）　**ACELP**（algebraic CELP）　あらかじめ決められた単位振幅のパルスの和を用い，パルスの位置と極性を伝送する。きわめて簡単な方式で，1995 年より多くのモバイル電話システムに用いられている。

CELP 方式を含む種々の音声信号符号化方式を，電話の PCM 方式，PHS 電話の ADPCM と比較して**表 5.3** に示す。

表 5.3　音声信号符号化方式

方式名	伝送情報量	技術内容	留意事項	おもな用途	規格など
PCM*（μ 則，A 則による圧伸）	64 kbps	量子化 8 bit 標本化 8 kHz 1ch 対数圧縮伸長 PCM	遅延 1 サンプル （125 μs）	電話システム	ITU-T G. 711 （1972）
ADPCM （adaptive delta）	32 kbps （16,24,40）	標本化 8 kHz 1ch μ 則，A 則による圧伸 PCM をリニア PCM に直してから変換	遅延 1 サンプル （125 μs）	PHS 電話	ITU-T G. 726 （1984）
LD-CELP （low delay）	16 kbps （9.6,12.8,40）	標本化 8 kHz 1ch ベクトル量子化	遅延 5 サンプル （625 μs）	企業内通信 TV 会議	ITU-T G. 728 （1992）
CS-ACELP （conjugate structure-algebraic）	8 kbps （6.4, 11.8）	標本化 8 kHz 1ch ベクトル量子化	遅延 15 ms （フレーム長 ＋ 先読み 10+5 ms）	モバイル 電話	ITU-T G. 729 （1996）
デュアルレート符号化 MP-MLQ ACELP	6.3 kbps および 5.3 kbps （右記）	標本化 8kHz 1ch MP-MLQ：6.3 kbps ACELP：　5.3 kbps	遅延 37.5 ms （フレーム長 ＋ 先読み 30+7.5 ms）	TV 電話 モバイル 電話	ITU-T G. 723.1 （1996）
サブバンド ADPCM	64 kbps： 低域 48, 広域 16 （48, 56）	量子化 14bit 標本化 16 kHz 1ch のリニア PCM を処理 信号 ch の上限 7 kHz		広帯域電話	ITU-T G. 722 （1988）
基本技術：時間領域符号化					

* 圧伸により 14 bit/ワードを 8 bit/ワードに変換（4.3.1 項参照）。なお，DAT（digital audio tape）の長時間モード，衛星放送 B モードでも圧伸を用いて 16 bit/ワードを 12 bit/ワードに変換している。

5.3.3　品　質　評　価

現在行われている品質評価方法の主流は，1.4.3 項で述べた 5 段階による評定尺度法，いわゆるオピニオン評価である。

8 kbps の伝送速度で用いられる CS-ACELP（ITU-T 勧告 G.729 記載）を
オピニオン評価した例を図 **5.14** に示す。比較のため原音，および 32 kbps の
ADPCM 方式（ITU-T 勧告 G.726 記載）を同じ条件で評価している。ホス騒
音とは電話システムの評価のために用いられる，ITU-T 勧告で用いられた人工
騒音で，おおむね $-5\,\mathrm{dB/oct}$ の周波数成分からなり，室内騒音を模擬するもの
とされている。この結果より，CS-ACELP 方式は 32 kbps の ADPCM と同等
の品質をもつものと理解されている。

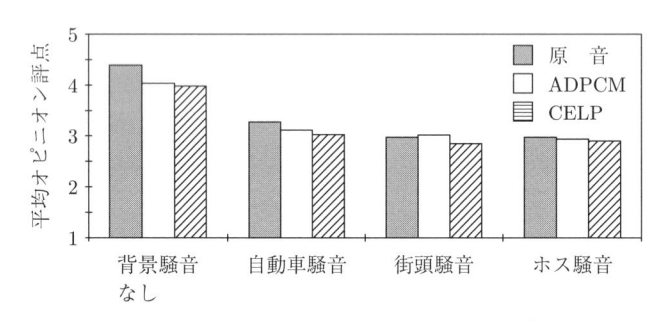

図 **5.14**　CS-ACELP 方式の主観評価結果[3])

　しかし，オピニオン評価には本質的に不安定性がつきまとううえに，新技術
や新システムが提案されるたびに詳細なオピニオン評価試験を行うのは非効率
である。このため，少ない手間で的確な評価が可能な客観評価法を開拓してこ
れに替えようとする研究が進められている。有力な手法として，標準系との相
対比較により品質を評価する方法が注目されている。

　例としてオピニオン等価品質評価法がある。音声の振幅に比例する白色雑音
を加えた信号を標準とし，その SN 比を変化させてオピニオン評価により品質
を求め，符号化された音声のオピニオン評価値と同じオピニオン評価値の SN
比をもって符号化音声の品質を表す方法である。

　これに用いる標準系として，**変調雑音発生標準装置**（modulated noise reference
unit：**MNRU**）が ITU-T 勧告に記されている。雑音には PCM 量子化雑音に
近い白色雑音を用いる。符号化音声のオピニオン評価値は，**図 5.15** のように

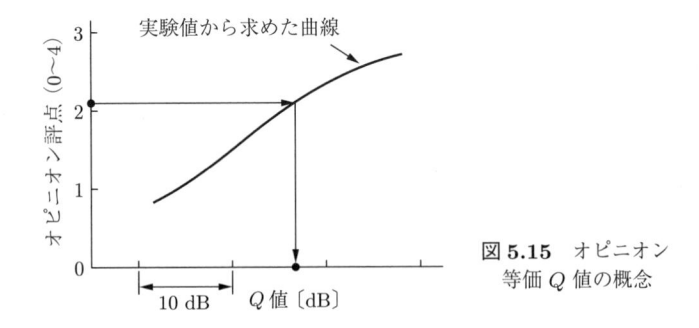

図 5.15 オピニオン
等価 Q 値の概念

この標準系のオピニオン評価に対応する SN 比の値（オピニオン等価 Q 値）で
表される。

この方法は，オピニオン評価を標準系との相対評価で行うため再現性が比較
的よく，また，符号化系が縦続接続されたときのオピニオン評価には SN 比の
相加則が利用できるなどの特徴がある。

5.3.4 音声符号化方式の発展

端末での情報処理能力の増大とともに，音声，音響符号化方式も大きく改善
されることになった。一つの方向は符号化による情報の欠落を最小限に抑える
符号化（ロスレス符号化）である。従来の情報圧縮は

- 信号の時間相関や周波数領域の偏りの利用
- 人の聴覚の特性から許容できる情報省略

により行われていたが，特に後者の処理のために原信号の情報の一部が失われ，
変調を繰り返すと音質が劣化するなどの問題があった。そこで，後者の利用を
最小限に抑えることで復調後に原信号をほとんど再現できる方式が実用化され，
MPEG-4 ALS として 2005 年に標準規格となった。

この方式では時間相関が低い周波数帯域の広い白色雑音はほとんど圧縮され
ないが，通常の音声，音楽信号は効果的に圧縮され，復調すると原信号に十分
近い音質が再現される。この方式は衛星テレビジョン放送に採用されている。

一方，音声符号化に音響符号化の手法を取り入れ，また音響符号化におけ

る 80 ms に及ぶ時間遅延を 20 ms 以下に短縮して電話通話にも使用可能とした方式が移動通信システムの国際標準化団体 3GPP で EVS（enhanced voice services）のために実用化された。音声符号化は CELP に代表される時間軸上の処理が，また音響符号化は MDCT のような周波数軸上の処理が特徴である。EVS では回線交換を考慮せず，信号を任意の長さのフレームに分割したパケット交換のみとなることを前提として，フレームごとに概略下記のような処理を選択して伝送する。

- ナローバンド（NB，5.9〜24.4 kbps）：CELP による時間領域処理の結果を伝送。A-CELP が主流。
- ワイドバンド（WB，5.9〜128 kbps）：LPC（線形予測符号化）の予測残差を DCT 分析により周波数領域に変換して伝送。
- スーパーワイドバンド（SWB，9.6〜128 kbps）：MDCT 分析の結果からパワースペクトル包絡を求めて伝送。
- フルバンド（FB，16.4〜128 kbps）：MDCT 分析の結果を伝送。

パケット交換ではパケット内の局部的な符号誤りは生じないが，パケットそのものの欠落が起こりえるので，前後のパケットの値から補完するなどの対処が必要となる。

5.3.5　モバイル電話システム

移動しながら使うことのできる電話システム（モバイル電話）としては船舶電話など地域ごとのシステムが用いられてきたが，地上の基地局は 1 か所（例えば東京湾の船舶は横浜の地上局に接続）だった。全国を数 km 以下の規模の複数のゾーン（セル）に分割してゾーンごとに地上局を置き，移動している電話端末を最寄りの基地局が自動的に捕捉していく機能（ハンドオーバ機能）が実現されたのは自動車電話システムからである。諸外国では 1960 年代から自動交換式のシステムが実用化されていたが，わが国でサービスが開始されたのは 1979 年だった。

当初の電話端末は自動車に搭載し，その電池を電源とする大型のもので，音

声は FM, PM 変調によるアナログ伝送であり, トランク内に置かれた無線機本体の出力は 5 W と大きく, 地上局の間隔は数 km だった。1985 年には肩にかけて持ち運べる「ショルダーホン」(3 kg) により自動車から離れて使用できるようになり, さらに小型軽量化が進んで 1989 年のモトローラ社「マイクロタック」(200 g 台) により服のポケットに収納可能となった。こうした端末は無線出力が 1 W 以下なので基地局の密度や出力は増大された。これらが第 1 世代 (1 G) の携帯電話システムと呼ばれる。

ユーザの増加とともに通話チャネル数を増加する必要が生じ, わが国では 1993 年より, 通話の安定性, 秘話性の面からも好ましいディジタル変調方式のシステムが導入された。音声信号の符号化には CELP 方式が用いられ, 5.6 kbps という大幅な情報圧縮が実現された。多重アクセス方式は TDMA (time division multiple access) を採用した。これが第 2 世代と呼ばれるモバイル電話方式である。ただし, 日本と欧州とでは方式が異なり, システムの共用はできなかった。わが国の第 2 世代システムは i モードと呼ばれる簡易データ通信方式が実用化されて爆発的に普及したことによりマルチメディアシステムへと脱皮した。

一方 1995 年より, 屋内で使われるコードレスホンを発展させた PHS 電話方式 (personal handyphone system) が簡便なモバイル電話システムとして普及した。携帯機の無線出力をコードレス電話機と同じく 10 mW としたため, 電柱や公衆電話ボックスに装着される簡易な基地局を狭いゾーンごとに配置することとなった。無線伝送はディジタル方式を採用し, 音声は ADPCM による波形伝送としたため, 音声伝送品質は第 2 世代の携帯電話より優れていた。

この後, モバイル電話は高速無線通信を武器に音声に加えて映像, データまで本格的にサポートするようになる。第 3 世代 (3G) とされる CDMA (code division multiple access) を用いた新システムのモバイル電話機はわが国で世界に先駆けて 2001 年より販売された。この世代の携帯端末は指でタッチして操作できるディスプレイやカメラの機能を与えられ, インターネットを自由に活用できる「携帯パーソナルコンピュータ」というべきものとなった。これによってコミュニケーションの手段は本格的にマルチメディア化され, 音声のほ

か写真，動画が広く用いられるようになる。

　2009年に標準化されたLTE（long term evolution）規格は3Gシステムの長期的な進化，発展を狙う技術で，無線パケット通信に特化しながら従来システムとの親和性にも配慮しており，3.9G技術と呼ばれた。これを用いたサービスはわが国では2012年より開始され，その後の展開とともにこれを基にした第4世代（4G）システムが普及し，3Gシステムに交代することとなった。4Gシステムは50 Mbps～1 Gbpsの高速大容量通信を可能とし，例えば音声通信

表 5.4　わが国の代表的なモバイル電話システム

	ディジタル携帯電話方式（第2世代，PDCハーフレート）	PHS電話	FOMA（NTT第3世代ディジタル携帯電話方式）	LTE，LTE-Advanced（NTT第4世代ディジタル携帯電話方式）
ルーツ	自動車電話方式（1999年までアナログ方式と混在）	家庭用コードレス電話（当初よりディジタル）	IMT-2000方式（マルチメディア対応の世界標準規格）	IMT-Advanced方式（3GPPによる世界標準規格）
サービスイン	1979 アナログ自動車電話　1993 ディジタル携帯電話	1995	2001	2012
無線周波数帯	800 MHz/1.5 GHz	1.9 GHz帯	2 GHz帯	3.4～3.6 GHz帯ほか
周波数間隔	50 kHz（25 kHzインタリーブ）	300 kHz	スペクトル拡散	20 MHz ほか
基地局の間隔（セルの大きさ）	1 km～数 km	数 100 m	1 km～数 km	1 km～数 km
無線伝送方式	FDD（周波数分割双方向）	TDD（時分割双方向）	FDD（周波数分割双方向）	FDD/TDD
アクセス方式	TDMA（時分割多元アクセス）	TDMA（時分割多元アクセス）	DS-CDMA（符号分割多重）	下り：OFDMA上り：SC-FDMA
変調方式	π/4 QPSK	π/4 QPSK	QPSK ほか／スペクトル拡散	QPSK ほか
データ通信速度	当初：9.6 kbpsその後：約 28.8 kbps	約 64，128 kbps	144 kbps（高速移動）384 kbps（低速移動）約 2 Mbps（屋内）14.4 Mbps（HSDPA）	下り：100 Mbps 以上，上り：50 Mbps 以上
端末の無線出力	自動車電話時代：5 W，その後：約 500 mW	10 mW	数 100 mW	最大 2 W/1 W通話時平均約 250 mW/125 mW
ネットワーク	固定電話網から独立した専用交換網	固定電話網を用い，基地局はISDN端末扱い	独立したIMT-2000交換網	パケット交換網

では 50〜7000 Hz，また EVS（enhanced voice services）による 14 000 Hz に及ぶ広帯域通信が可能となっている。

4G システムでは無線方式に OFDM を用いているのが特徴といえる。同じ伝送情報量で占有する周波数帯域が狭く，また遅延に強い点を生かしたものだった。

2020 年に部分導入された第 5 世代（5G）システムは今後の端末数の増大に対応しながら高速化，大容量化，低遅延，高信頼化を狙うものである。4G までは通信方式が世代を決めていたが，5G 以降は実現すべき機能の概念が世代を表している。

第 4 世代（4G）までのモバイル電話方式の諸元を**表 5.4** に示す。また音声，音響信号伝送の諸元を**表 5.5** に示す。

表 5.5　わが国のモバイル電話システムの音声系

	ディジタル携帯電話方式（第 2 世代，PDC ハーフレート）	PHS 電話	FOMA（NTT 第 3 世代ディジタル携帯電話方式）	LTE，LTE-Advanced（NTT 第 4 世代ディジタル携帯電話方式）	
音声符号化方式	PSI-CELP	ADPCM	AMR/ACC	AMR-WB（VoLTE）	EVS（VoLTE HD+）
周波数帯域	300〜3400 Hz	300〜3400 Hz	300〜3400 Hz	50〜7000 Hz	50〜14000 Hz
標本化周波数	8 kHz	8 kHz	8 kHz	16 kHz	32 kHz
音声ビットレート	5.6 kbps	32，64 kbps	1.95 k〜12.2 kbps（AMR）24 kbps（ACC）	12.65 kbps	13.2 kbps

5.4　静止画像のディジタル記録とディジタルカメラ

二次元平面の画像信号は静止画，動画いずれもマルチメディアシステムで取り扱う信号の代表とされる。基本的な記述形式はビットマップデータであるが，特に動画像では伝送，記録，再生すべき情報の量が膨大なので，4.5.4 項で述べたように何らかのデータ圧縮技術の適用が必須となっている。静止画像におい

てもデータ圧縮は頻繁に用いられる。

はじめに，静止画像のデータ圧縮の基本技術および応用例を述べる。

5.4.1　エントロピー符号化

データを構成するシンボルの出現確率に差があるときに，発生の頻度の高い
シンボルに短い符号を割り当てることにより伝送，記録，再生すべき情報の量
を圧縮できる。これを**エントロピー符号化**と呼ぶ。信号の統計的な性質を利用
した符号化であり，原則として元の信号を再現できる方法である。

（**1**）　**ハフマン符号化**　　符号の長さを可変とし頻繁に現れるシンボルには
短い符号を，めったに現れないシンボルには長い符号を割り当てることにより
伝送，記録，再生すべきデータを圧縮できる。一般の信号波形では，正負の最
大振幅値よりは0に近い値のほうが頻繁に現れるので，この方法が有効である。

ハフマン符号はこの方法の代表例である。例として**表 5.6** のような5値の信
号の例を考える。それぞれの値に，**図 5.16** のように符号を割り当てる。

表 5.6　5値信号とシンボルの出現確率

シンボルの値	-2	-1	0	1	2
出現確率〔%〕	5	15	60	15	5

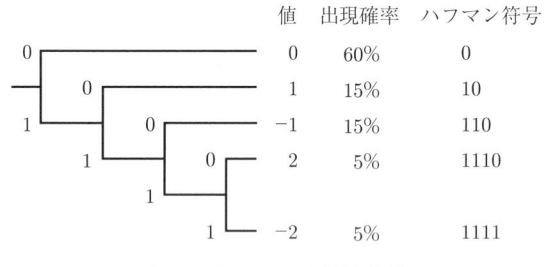

図 5.16　ハフマン符号の例

図 5.16 に示すハフマン符号を用いると，例えば

　011010001110

という符号の列を受信したときは

0　　110　　10　　0　　0　　1110

と分解できる。すなわち，均一符号化では 4 bit/ワードを要するところを，ハフマン符号化によれば 1〜4 bit/ワードとすることができ，データの圧縮が実現できることになる。

（**2**）　**ランレングス符号化**　　例えば，線画のようにピクセルが白，黒の 2 種だけであり，またその交差の少ない画像の場合，白または黒の値が連続することになる。8 × 8 点の白黒画像の例を**図 5.17** に示す。

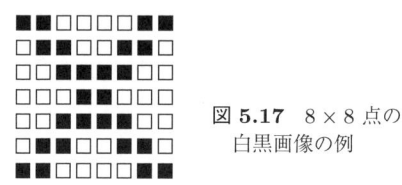

図 5.17　8 × 8 点の
白黒画像の例

　図 5.17 を左上から右下へ横向きに走査すると，**図 5.18** のような信号列（黒を 1，白を 0 と表現した）となり，受信側が 8 ピクセル/行であることを知っていれば元の線画を再現できる。

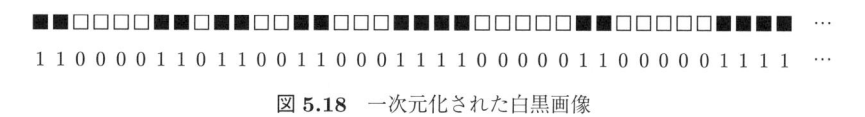

図 5.18　一次元化された白黒画像

　ここで，これを白または黒の連続数，すなわち

2 4 2 1 2 2 2 3 4 5 2 5 4 3 2 2 2 1 2 4 2

という数字で伝送しても，受信側が最初は黒であることを知っていれば再現可能となる。これがランレングス符号化（run＝連続，length＝長さ）である。白または黒の続く長さが長いときには伝送するデータの量が圧縮できる。

　この方法は古典的なもので，劇的な情報圧縮を工夫する余地は少ないが，知的財産権の影響が少ないので使いやすいものとされている。

（**3**）　**算術符号化**　　0 と 1 との間の区間をシンボルの出現確率の大小に比例する長さに分割していき最終段階において個々の区分に含まれる点の座標を

2進法の小数で表現して符号とする。シンボルの種類が多ければ，シンボルの符号の長さはシンボルの出現確率と相反するようになる。符号化に際して算術演算を行うのでこの名がつけられた。

5.4.2　直 交 符 号 化

（1）　二次元離散コサイン変換　　フーリエ変換のような直交関数系を用いた変換は直交変換と略称され，音響信号のみならず画像信号の符号化処理においても基本技術として重要である。音響信号の項（5.2.1 項参照）で符号化のための変換に離散コサイン信号（DCT）が用いられることを述べたが，画像信号の変換においては二次元に拡張された離散コサイン変換が用いられる。ただし，音声信号では時間変化に対して用いられたのに対して，画像信号では 1.3.3 項に述べたように二次元空間での明暗変化に対して空間周波数が定義されるので，直交関数による空間での変換操作が行われる。

　通常用いられる二次元離散コサイン変換は，一次元の第 2 種離散コサイン変換（DCT-II）の拡張として，式 (5.7) で与えられる。

$$
X_{pq} = \left(\frac{2}{N}\right)^{\frac{1}{2}} k_p k_q \sum_{m=0}^{N-1} \sum_{n=0}^{N-1} x_{mn} \cos\left\{\frac{(2m+1)p\pi}{2N}\right\} \cos\left\{\frac{(2n+1)q\pi}{2N}\right\}
$$

$$(5.7)$$

また，これの逆変換は式 (5.8) で与えられる。

$$
x_{mn} = \left(\frac{2}{N}\right)^{\frac{1}{2}} \sum_{p=0}^{N-1} \sum_{q=0}^{N-1} k_p k_q X_{pq} \cos\left\{\frac{(2m+1)p\pi}{2N}\right\} \cos\left\{\frac{(2n+1)q\pi}{2N}\right\}
$$

$$(5.8)$$

ただし，$k_0 = 1/\sqrt{2}$，それ以外の k_p，k_q は 1 とする。

　画像処理では，音声処理のようなデータをオーバラップさせた切出しを行わないので，変形離散コサイン変換（MDCT）は用いられない。

（2） JPEG 符号化方式　　上記のような符号化方式の応用例として，JPEG 符号化方式を取り上げる。

JPEG とは本来，カラー静止画像のデータ圧縮方式の標準化を目的として 1986 年より活動を開始した国際規格作成グループ Joint Photographic Experts Group（Joint は ITU-T, ISO, IEC の共同作業を表す）の略称であるが，現在では，同グループが作成したいくつかの規格のうち，1994 年にその基本的な部分が ITU-T T.81 | ISO/IEC10918-1 として標準化され，現在最も広く使われている非可逆符号化方式の名称として定着している。

この符号化方式の概要を図 **5.19** に示す。

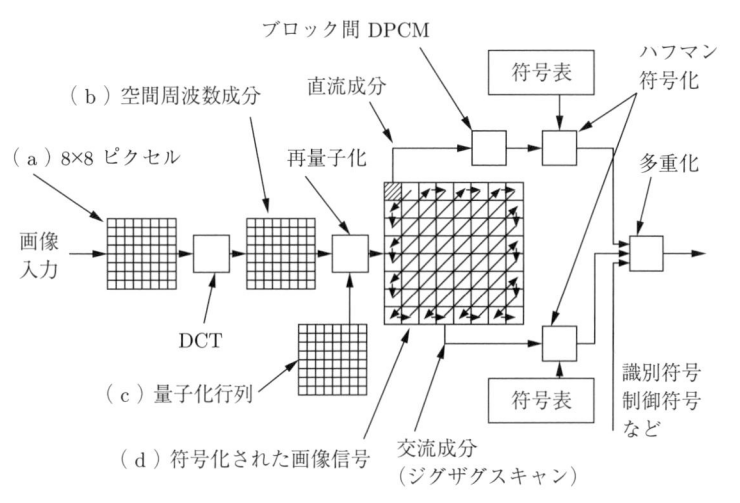

図中の記号（a）〜（d）は図 5.20（a）〜（d）に対応している。

図 5.19 JPEG 符号化方式

入力画像としては，各ピクセルが複数の bit（例えば 24 bit，RGB 三原色各 8 bit）で表現されている多値ディジタル静止画像を対象としている。これを 8×8 ピクセル（16×16 の例もある）のブロックに分割し，二次元 DCT により空間周波数領域に変換する。図で (d) が指す格子部分は変換結果の表を表している。$(p, q) = (0, 0)$ の成分（格子の左上ハッチング部のデータ）は直流（DC）成分で，このブロックの輝度を表す。ほかの成分はブロック内での画像の変化

を表し，右下にいくほど細かい変化を表していることになる。それぞれの成分に重みを与えて再量子化し，順次に伝送または蓄積する。

　JPEG における符号化とデータ圧縮の例を**図 5.20** に示す。図 (a)〜(d) はそれぞれ図 5.19 の各箇所に対応している。

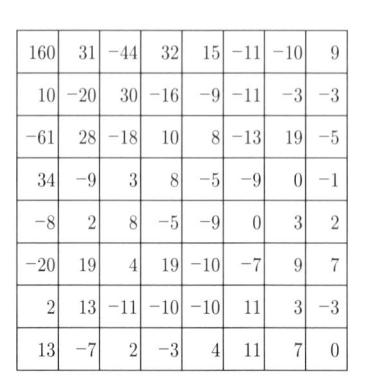

72	64	62	59	71	64	52	61
62	60	56	69	65	61	60	68
59	57	66	62	52	59	62	52
61	52	49	51	58	53	52	52
52	55	51	70	52	59	66	62
56	52	61	58	62	56	52	41
54	41	52	54	64	51	39	33
44	52	55	62	52	44	28	31

（ a ）　画像の Y 成分の一部
（8×8 ピクセル）

160	31	−44	32	15	−11	−10	9
10	−20	30	−16	−9	−11	−3	−3
−61	28	−18	10	8	−13	19	−5
34	−9	3	8	−5	−9	0	−1
−8	2	8	−5	−9	0	3	2
−20	19	4	19	−10	−7	9	7
2	13	−11	−10	−10	11	3	−3
13	−7	2	−3	4	11	7	0

（ b ）　（ a ）に DCT を施した結果

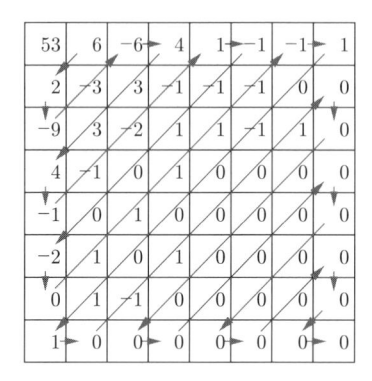

3	5	7	9	11	13	15	17
5	7	9	11	13	15	17	19
7	9	11	13	15	17	19	21
9	11	13	15	17	19	21	23
11	13	15	17	19	21	23	25
13	15	17	19	21	23	25	27
15	17	19	21	23	25	27	29
17	19	21	23	25	27	29	31

（ c ）　量子化ステップ行列
（右下ほど値が大）

53	6	−6	4	1	−1	−1	1
2	−3	3	−1	−1	−1	0	0
−9	3	−2	1	0	−1	1	0
4	−1	0	1	0	0	0	0
−1	0	1	0	0	0	0	0
−2	1	0	1	0	0	0	0
0	1	−1	0	0	0	0	0
1	0	0	0	0	0	0	0

（ d ）　（ c ）を用いて再量子化した結果

図 5.20　JPEG における符号化とデータ圧縮の例[4]

　図 (a) は，ある静止画像の Y 成分の一部を構成する 8 × 8 ピクセルのブロックを表すディジタルデータである。ワード長が 8 bit なので 0〜255 の間の数値となる。

図 (b) は，これを二次元 DCT により空間周波数領域に変換したデータの表で，左上は X_{00} すなわち直流成分，その右は X_{10}，左は X_{01}，表の右下は X_{77} を表す。

図 (c) は，これを再量子化するためのステップの大きさの表（符号表）である。空間周波数の低いデータは重要なので細かいステップで，空間周波数の高いデータは重要性が低いので粗いステップで再量子化する。ここで非可逆なデータ圧縮（言い換えれば一部の情報の廃棄）が行われる。

図 (d) は，再量子化の結果の表で，高い空間周波数のデータはもともと小さかったので 0 となったものが多い。これらのデータを矢印のような順序でジグザグスキャンして一次元の符号の並びとし，送出または記録する。

符号化方式としてはハフマン符号が用いられる。

JPEG のベースラインシステムは，ブロックを左上から横方向へ順次に処理して送出するシーケンシャル（順次的再生）方式をとっているが，JPEG 拡張システムでは，つぎのようなプログレシブ（段階的再生）方式も用いられる。

1）元の画像を第 0 階層の画面とする。
2）これに二次元ローパスフィルタリングを施し，サブサンプリングによりピクセルの総数を圧縮して解像度を落とした第 1 階層の画面をつくる。
3）これを繰り返して第 n 階層まで作成する。
4）最上位（第 n 階層）から順次伝送していく。

この方法は，最初から画像全体を大まかに眺めることができるので，受信側に親切な伝送，再生が可能となる。また，画像検索している場合は能率が向上する効果もある。

拡張システムでは，伝送のための符号にはハフマン符号のほか算術符号も用いられる。

5.4.3 ディジタルカメラシステム

JPEG 方式は，静止画像の記録方式の標準となった感があり，インターネットを介した画像のやり取りにも広く用いられている。一方，この方式を最大限に

活用することにより誕生し，発展したシステムとしてディジタルスチルカメラ，いわゆるディジタルカメラがあげられる。その動作は画像をディジタルファイルに変換するためのスキャナと相似である。画像記録方式としては JPEG 以外の記録方式も用いられる。例えば，豊富な記憶容量をもつ製品では圧縮を行わない原ファイル（RAW型式）で蓄積するものもある。

　ディジタルカメラは，原理的には従来の銀塩カメラの感光，記録素子であるフィルムを**光電気変換素子**，および半導体メモリに置き換えたものである。光電気変換素子は**CCD**（charge coupled device）および**CMOS イメージセンサ**（CIS：CMOS image sensor）が用いられる。CCD の１画素の構造を図**5.21** に示す。

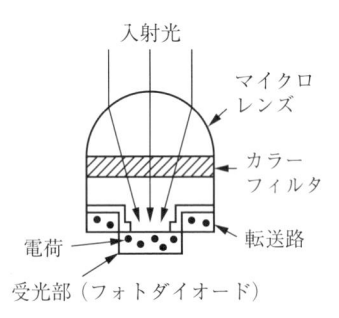

図 **5.21**　CCD の
１画素の構造

　光はレンズで集光され，カラーフィルタを経て受光部（フォトダイオード）に達する。光の量に応じて発生した電荷は転送路に送出される。したがって，出力信号はアナログ信号である。RGB3 色のカラーフィルタをもつ素子三つを組み合わせ１画素分を構成する。CCD は雑音に強いが複数の電源を要するなど構成が複雑である。CIS もマイクロレンズ，フィルタ，フォトダイオードからなる構成は CCD と同様である。しかし，CIS 素子は CMOS IC と同じプロセスで作られるため，構造が簡単で消費電力が小さく，AD 変換，さらには基本的な画像処理を行う周辺回路も簡単に組み込めるという特徴をもつ。また高解像度が実現でき，ダイナミックレンジが広いこともあり利用が拡大している。

　感光，記録素子はカメラの中枢部分であるので，カメラシステムとしての技術的な相違をいくつか列挙できる。**表5.7** にディジタルカメラと銀塩カメラと

表 5.7 ディジタルカメラと銀塩カメラの比較

		ディジタルカメラ	銀塩カメラ
受光素子		CCD などの光電変換素子	銀塩フィルム
ディスプレイ	画面の大きさ	普及形：$7\sim17\times5\sim13\,\mathrm{mm}^2$ 高級形例：$36\times24\,\mathrm{mm}^2$ さらに大形化の趨勢	35 ミリフィルムの標準 サイズ画面の場合 $36\times24\,\mathrm{mm}^2$
	画素数	1000 万～数億程度	実質的に千数百万
	受光の原理	半導体の光電効果	ハロゲン化銀の 光による分離
	カラー分離	一般に 高感度受光素子：R, G, B 低感度受光素子：Cy, Mg, Y	ポジフィルム：R, G, B ネガフィルム：Cy, Mg, Y
記録素子		半導体メモリ	銀塩フィルム （受光素子と同じ）
レンズの焦点距離		画面が 35 mm カメラより小さい ものは焦点距離も短い （カタログなどでは同じ画角を もつ 35 mm カメラ用レンズの 焦点距離で表示）	標準レンズで 40～50 mm
ズーミング		光学式および電子式 （受光素子使用範囲変更）	光学式
構成の多様化		モバイル電話などの機能の 一つとして導入されている	レンズ付きフィルムが 簡易カメラとして普及

の比較を示す。

　ディジタルカメラにおける画像信号処理の流れは下記のようなものである。

1）各ピクセルの受光素子で入射光の強さに応じた電気信号を得る。カラー分離は原色フィルタ（赤緑，青：R, G, B）または補色フィルタ（シアン Cy, マゼンタ Mg, 黄 Y, これに緑を加えて 4 色とすることもある）による。前者は忠実な色再現を実現しやすい。後者は入射光量が大きいので低感度の受光素子，暗いレンズに向く。

2）信号をディジタル量に変換する。また補色フィルタを用いた場合は原色（R, G, B）に変換する。

3）トーンカーブ補正，ノイズ除去，エッジ強調などの操作を施す。

4）信号を JPEG 方式などを用いて圧縮する。

5）半導体メモリに記録する。

　なお，受光素子の大きさと画素数とは必ずしも対応しない。技術の進歩により素子の大形化が進み，画素数が 1 億を超えるものもあり実用上満足なものになっている。今後は感度やダイナミックレンジを改善する方向に関心が移っている。

5.5　凸レンズの定数

　カメラや光ディスクに用いられる**凸レンズ**の説明図を**図 5.22** に示す。ここでは，レンズは空気中（屈折率 1 の雰囲気）にあり，厚さは無視できると考える。

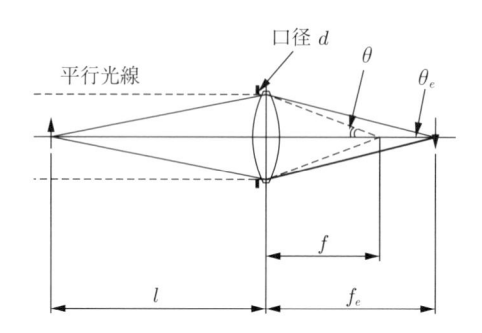

図 5.22　凸レンズ

　凸レンズの特徴は集光性である。無限遠方からくる平行光線が理想的な凸レンズに入射すると，焦点と呼ばれる 1 点に集光される。レンズから焦点までの距離 f を焦点距離と呼ぶ。レンズの保持体により決められるレンズの有効な直径を d とすると，レンズの明るさ（実際は暗さ）を表す F 値

$$F = \frac{f}{d} \tag{5.9}$$

が定義できる。

　光源が有限の距離 l にあると，レンズから集光される点への距離 f_e は f より大きくなる。これらの間には

$$\frac{1}{f} = \frac{1}{l} + \frac{1}{f_e} \tag{5.10}$$

の関係がある。l の点に被写体があれば f_e の点にその実像ができる。l が一定なら f と f_e の大小は対応し，図の角度 θ_e の大小はその逆となる。f が小さく角度 θ_e が大きいのが広角レンズ，f が大きく角度 θ_e が小さいのが長焦点（望遠）レンズである。

レンズの集光能力に対応する**開口数**（numerical aperture：NA）の値は角度 θ_e を用いて

$$NA = \sin \theta_e \tag{5.11}$$

で与えられる。光の波長 λ は有限なので回折限界により，どのように優秀なレンズでも集光半径（エアリーディスクの半径）0.61 (λ/NA) より小さな円に集光することはできない。したがって，光ディスクに用いられるレンズでは NA の値は重要である。

5.6　動画像のディジタル伝送と記録と地上ディジタル放送

5.6.1　動画像のための予測符号化

動画像を符号化する技術は 5.4.2 項の JPEG 符号化方式の拡張で実現できる。すなわち，例えば NTSC 方式で撮影された動画像なら 29.97 Hz の周波数でつぎつぎに生起するフレームを符号化していけばよい。

しかし，こうした単純な方法では大きな計算処理容量を要することになるので，音声信号の場合と同じように予測符号化が用いられる。

（1）　フレーム間予測符号化　　1 フレーム前の画像の同一位置の画素値より，3.3 節で述べた差分 PCM（DPCM）または ADPCM を用いて予測符号化する方法が使用できる。連続するフレーム間の差分に対して JPEG 方式のような空間での DCT を適用すれば，個々のフレームを独立に符号化するよりもデータが圧縮される。

　画面の静止部が多く，一部分のみがフレームごとに変化しているような動画像では，この方法で有効なデータ圧縮が可能となる。

　5.1.1 項で，差分 PCM では予測に用いる時間系列の信号の数を増やして線形予測を行うことによりさらにデータ圧縮効果を高められる可能性があることを述べた。こうした方法は動画像にも適用できる。

　(2)　動き補償フレーム間予測符号化　　動画像の個々のフレームは二次元なので，単純に同じ場所の画素の時間変化を用いて線形予測するより，フレーム内の特徴的な物体像の面内での動き（移動量）を用い，空間的な変化も取り入れて差分を予測するほうが効果的である。こうした方法を**動き補償**（moving compensation：MC）フレーム間予測符号化と呼び，この面内での移動量を移動ベクトルと呼ぶ。

　例えば，カメラを左から右へ動かして風景を見わたすような動画像では，フレーム間で動かない部分がなくなるので予測符号化の効果が減殺されてしまうが，じつは画面のなかの物体像は形を変えずに移動しているのみなので，動き補償がきわめて有効となる。

　移動ベクトルを求める代表的な方法としてブロックマッチング法がある。これは，フレームの部分をなすブロックを上下左右に動かして前後のフレームと比較し，差分が最小となる移動方向を求めるものである。

5.6.2　MPEG ビデオ符号化方式

　MPEG 方式はオーディオおよびビデオ信号を，なるべく品質を劣化させずにデータ圧縮して伝送，記録，再生するための方式として国際標準化されたものである。この方式は**図 5.23** に示す MPEG-2 システムの場合の例のように，オーディオおよびビデオ信号をエンコードしてそれぞれの符号列（エレメンタリーストリーム）とし，これを分割してパケット化し，多重化して送出する部分と，これを受けてデコードする部分との組合せを想定している。ただし，規格はパケット化以降デコードまでを規定しており，エンコード部分については自由度を残してある。

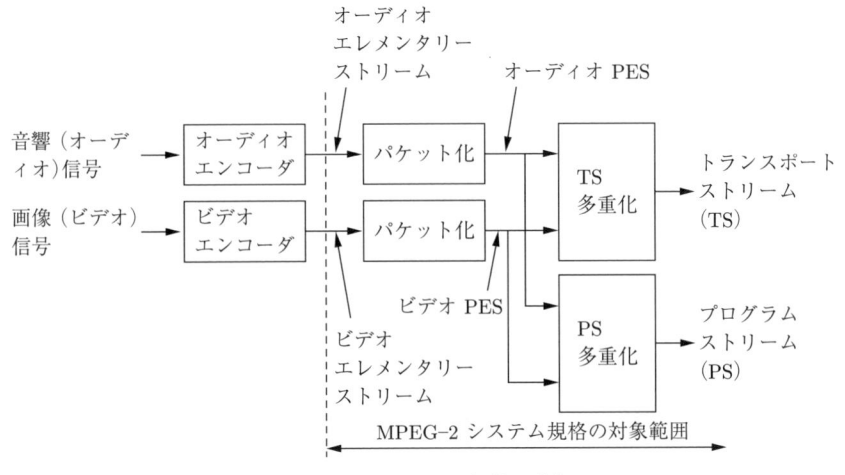

図 **5.23** MPEG-2 信号の形成

MPEG-2 システムを構成する符号化方式のうち，MPEG オーディオ方式については すでに 5.2 節で述べた。ここでは **MPEG ビデオ方式**を解説する。

MPEG ビデオ符号化方式は動画像のデータ圧縮方式の代表とされ，種々の用途に用いられている。この方式は，ひと口にいえば動き補償フレーム間予測符号化と離散コサイン変換（DCT）とを組み合わせた方式であり，静止画のための JPEG 方式の拡張と考えると理解しやすい。

ここで，MPEG ビデオ方式の種類を概観しておこう。MPEG とは国際規格審議グループ ISO/IEC/JTC1/WG11 の名称 "Moving Picture Experts Group" の略だが，その組織で作成した ISO/IEC 規格に決められた方式の名称として知られている。

最初の MPEG-1 方式は 1988 年に審議を開始し，1992 年に ISO/IEC11172 シリーズとして仕様が確定したもので，正式な表題は「約 1.5 Mbps までの，ディジタル蓄積メディアのための動画と関連するオーディオの符号化」である。符号化の対象となるビデオ信号は ITU-R 勧告に記述されている SIF フォーマットで，水平，垂直の解像度が一般のテレビジョン信号の半分（水平画素数 Y：360，C：180，垂直画素数 Y：240，C：120）の 4：2：0 順次走査信号であり，

色差信号 Cb, Cr の情報量を輝度信号 Y の半分とし，かつ Cb, Cr を 1 フレームおきに交互に伝送するものである。プログレシブ方式のみを対象としている。

これに続く MPEG-2 方式は 16 Mbps 程度のデータ速度で，インタレース方式も対象としており，正式な表題は「動画および関連するオーディオの汎用符号化」である。蓄積のみならず動画像の放送，通信分野にも使用できるものとされ，1990 年に審議を開始し，1994 年に標準化が完了した。規格番号は ISO/IEC 13818 シリーズである。MPEG-2 の成立によりディジタルテレビジョン，DVD などの方式が現実のものとなった。さらに 50〜80 Mbps 程度の HDTV クラスの高画質を狙った MPEG-3 方式が検討されたが，これは MPEG-2 の拡張により統合された。

一方，1998 年に ISO/IEC 14496 として標準化された MPEG-4 方式は動画像をオブジェクトの組合せとして符号化するもので，画像の要素を分割して別々に取り扱うなど多様性に富むことを特徴としており，インターネットやモバイ

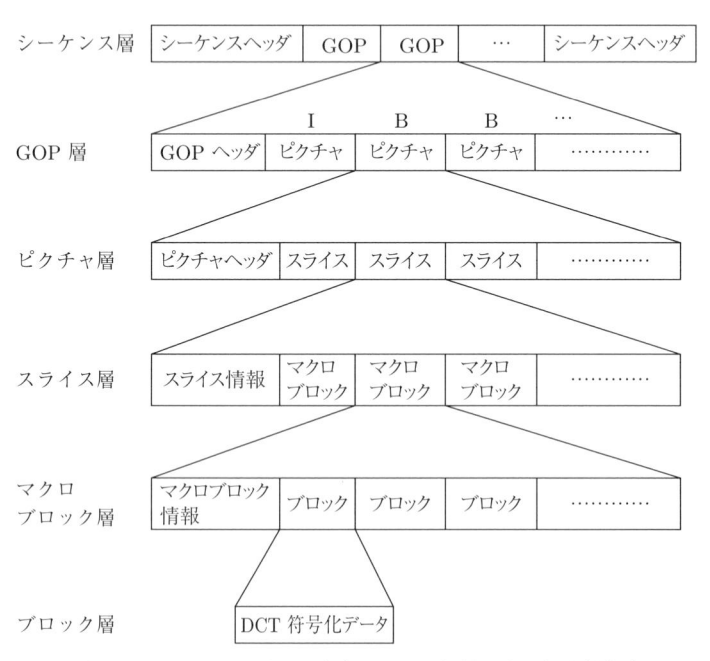

図 5.24　MPEG-1 ビデオ方式における信号の流れと分割方法

ル電話における動画像通信機能を提供した。これに続いた MPEG-7 はオブジェクトの利用法に関するもので，データ圧縮技術とは離れた内容となった。

ここでは，まず MPEG-1 ビデオ方式における信号の取扱いを解説する。信号の流れとその分割方法を図 **5.24** に示す。

動画像を形成する個々の画面を**ピクチャ**（picture）と呼ぶ。図のシーケンス層はピクチャの流れで，一つ以上の **GOP**（group of picture）をシーケンスヘッダと終了コードではさんだ形で構成される。シーケンスヘッダには画像サイズ，アスペクト比（縦横比），画像のサイズ，ビットレートなどの情報が含まれる。

GOP は個々のピクチャからなり，ピクチャはさらに分割されて最終的に 8×8 画素のブロックとなる。このブロックが動き補償フレーム間予測符号化と離散コサイン変換（DCT）とを組み合わせた符号化の対象となる。

これらの各層の概念を図 **5.25** に示す。個々の GOP はつぎの 3 種のピクチャ（フレーム）を含み，それぞれがフレーム間予測において性格の異なる単位となる。

（1）**I**（intra-coded）**ピクチャ**　　予測符号化における「最初の 1 枚」であり，ほかのピクチャの予測のための参照画像となるが，自身の符号化においてはほかの画像からの予測は行われない。

（2）**P**（predictive-coded）**ピクチャ**　　I ピクチャまたはほかの P ピクチャより予測されるが，過去の画像からの順方向予測のみである。

（3）**B**（bidirectionally predictive-coded）**ピクチャ**　　過去および未来の I ピクチャ，P ピクチャより予測される。

一つの GOP に含まれるのは一つの I ピクチャと複数の P ピクチャおよび B ピクチャである。予測の対象とならない I ピクチャを GOP ごとにおくのは，動画像のランダムアクセスや早送り表示の便のためであるが，データ復元における予測に由来する誤差を累積させない役割もあるので，I ピクチャはリフレッシュフレーム，キーフレームとも呼ばれる。

符号化器には，未来の画像からも予測される B ピクチャの参照画像をその B

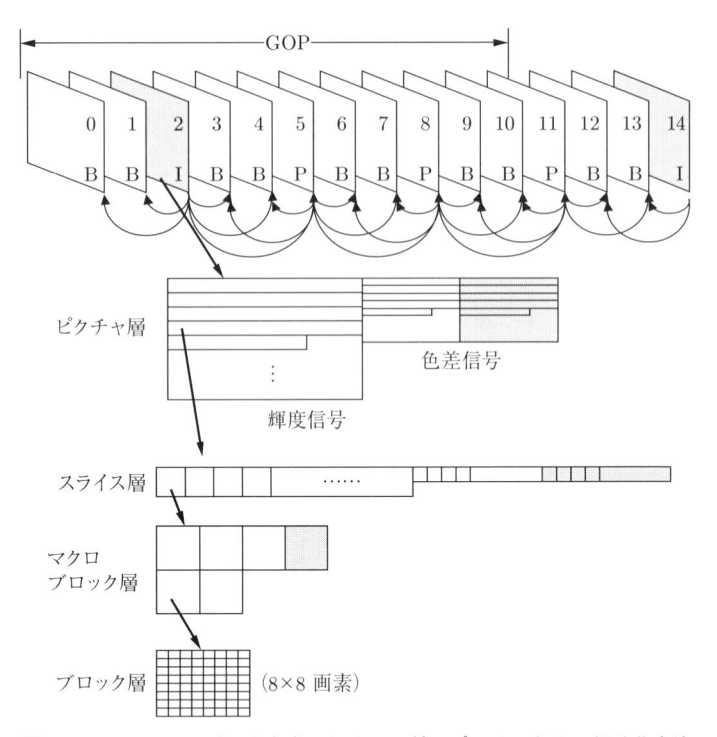

図 5.25 MPEG-1 ビデオ方式における 3 種のピクチャとその細分化方法

ピクチャより先に届ける必要がある。すなわち，GOP で最初に符号化される
ピクチャは I ピクチャでなくてはならない。このためピクチャの順序を入れ替
えて符号化処理し，復号時に順序を復元することが行われる。例えば，図 5.25
の例では 2，0，1，5，3，4，… の順で符号化される。

　ピクチャ層は 1 枚のカラー画像で，輝度 (Y) 信号，色差 (Cb，Cr) 信号から
なる。輝度信号と色差信号の一つとの情報量の比は 2：1 とされる。これを複
数のスライスに分割し，さらにマクロブロックに分ける。マクロブロックは四
つの輝度信号ブロックと，同じ画面の一つずつの色差 (Cb，Cr) 信号ブロック，
計六つのブロックからなる。ブロックの DCT およびジグザグスキャンによ
る符号化手法は，JPEG 方式に類似である。

　MPEG-1 ビデオ方式は，画像の大きさが一般のテレビジョンより小さく，簡

易方式と位置づけられるものであるが，CD-ROM などに動画を蓄積する方法
として成功を収めた。

　MPEG-2 は，標準アナログテレビジョン方式の画像（3〜5 Mbps），HDTV
の画像（15〜20 Mbps 程度）など多くの種類の動画像の蓄積，放送，通信に用
いられる汎用方式として標準化された。最上位の HDTV から小さな画面のテ
レビジョンまで複数の画質のものをサポートしており，プロファイルおよびレ
ベルという観点で分類している。プロファイルは用途を重視した分類で

- ハイプロファイル：高品位テレビジョン（HDTV）
- メインプロファイル：標準アナログテレビジョン放送や DVD など
- スケーラビリティプロファイル：データを多重化して再生機器により使
  い分け可能としたもの
- シンプルプロファイル：通信用途など簡易な装置

が用意されている。また，レベルは画面の解像度（画素数）とフレームレート
（1 秒当りのピクチャ数）で分類される。

　MPEG-2 がサポートしているレベル，プロファイルの種類を**表 5.8** に示す。
レベルの列の数字は横ピクセル数 × 縦ピクセル数，1 秒当りのピクチャ数であ
る。データの層構成は MPEG-1 方式と同じだが，各層のタイプなどは多様と

表 5.8　MPEG-2 でサポートされるレベルとプロファイルの種類[5]

		プロファイル				
		simple	main	SNR scalable	spatially scalable	high
レベル	high 1 920×1 080, 30 f/s 1 920×1 152, 25 f/s	—	MP@HL 4：2：0	—	—	HP@HL 4：2：2
	high 1440 1 440×1 080, 30 f/s 1 440×1 152, 25 f/s	—	MP@H 1440 4：2：0	—	SSP@H 1440 4：2：0	HP@H 1440 4：2：2
	main 720×480, 29.97 f/s 720×576, 25 f/s	SP@ML 4：2：0	MP@ML 4：2：0	SNP@ML 4：2：0	—	HP@ML 4：2：2
	low 352×288, 29.97 f/s	—	MP@LL 4：2：0	SNP@LL 4：2：0	—	—

　（注）f/s は 1 秒当りのフレーム数

なっている。各項の数字はマクロブロック層での輝度信号と色差信号のサンプリングフォーマットを表す。4：2：0では MPEG-1 と同様に色差信号の空間サンプリング周波数を輝度信号に対して横，縦とも 1/2 とし，4：2：2 では横のみを 1/2 とする。さらに輝度信号，色差信号の空間サンプリング周波数を同じ値とする 4：4：4 というフォーマットも用意されている。

　現在のディジタルテレビジョン放送では，1920×1080（main プロファイル・high レベル，アスペクト比 16:9）が広く用いられる。1440×1080（high 1440 レベル，アスペクト比 4:3）との間での変換も行われる。いずれもインタレースを行うので，フレーム構造のままでの処理，およびフレームを 2 分割したフィールド構造での処理のいずれも可能となるようにされている。

　MPEG-4 方式の審議では，当初「超低ビットレート画像・音響符号化」のタイトルを掲げてさらなるデータ圧縮技術の開拓と標準化を狙ったが，高度なデータ圧縮方式は使用条件に制約があるなどの問題が明らかとなり，タイトルを「画像・音響オブジェクトの符号化」と変更した。審議の途中で性能追求から機能追求に転換したわけである。

　この方式におけるオブジェクトとは，図 **5.26** のように人物，背景のような画像の要素，文字，音などを指す。MPEG-4 はこれらを分離して符号化するこ

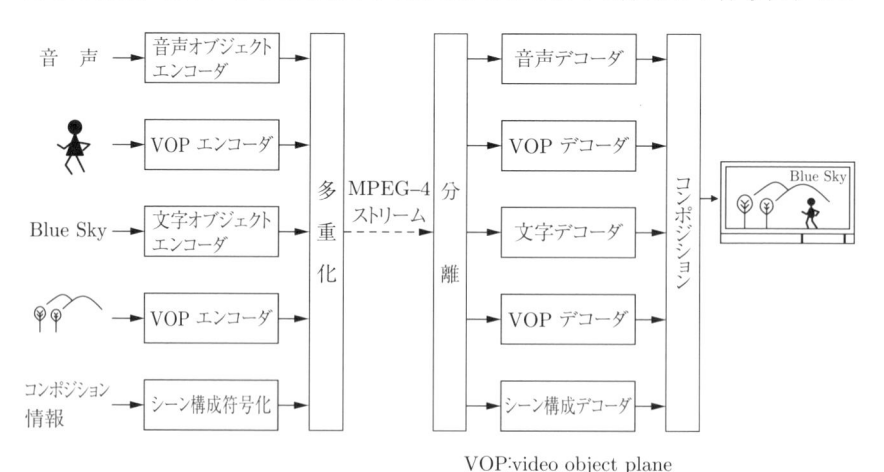

VOP:video object plane

図 **5.26**　MPEG-4 におけるオブジェクトの符号化と復号化[6)]

とにより圧縮の効率を高めるようにしているのが特徴である。

　MPEG-4 はインタネットに接続されたモバイル電話に 64 kbps〜2 Mbps の速度で動画を配信する用途に使われている。しかしオブジェクトの分離は，例えば俳優の顔を別人のものに入れ替えるなどの画像の改変を容易にするものでもあり，MPEG-4 は従来の方式ではみられなかった問題点を含むともいえよう。

5.6.3　伝送される情報の構成

　MPEG 方式における情報の伝送方式（ビットストリーム）は，パケット多重と呼ばれるもので，ビデオ，オーディオなど各種の信号をパケット化し，これをまとめたパックと呼ばれる単位を伝送，記録している。MPEG-1 の例を図 **5.27** に示す。個々のパケットには最初にスタートコードがあり，さらに ID，パケット長の情報が続く。またタイムスタンプ情報をもち，伝送路の事情で順序が前後して受信された場合に対処している。パックの先頭には SCR（システムクロックリファレンス）が用意される。

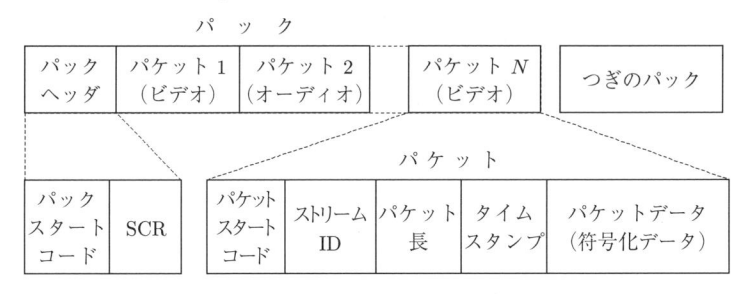

図 5.27　MPEG-1 におけるパックとパケット

　このように，パケットの中味の情報の種類にかかわりなく機械的に伝送，記録することによりマルチメディアシステムを実現している。

5.6.4　地上ディジタルテレビジョン

　テレビジョンのディジタル放送は人工衛星によるものが先行したが，UHF 帯域のテレビジョンチャネル（3.2.1 項参照）の地上波を用いた**地上ディジタルテレビジョンシステム**が 20 世紀最後期に実用化され，テレビジョン放送方式の

変革が行われることとなった。わが国でも 2003 年 12 月より東京，名古屋，大阪で本放送が開始され，2011 年から 2012 年にかけてアナログ放送からの全面移行が行われた。導入の目的としてはテレビジョン放送における高品質化，放送内容の多様化，伝送の双方向化などによるサービス改善のほか，テレビジョン放送の占有している電波の周波数帯域の縮小がある。

　導入後，一定の並存期間の後，アナログテレビジョン放送は廃止され，VHF帯域および一部の UHF 帯域はほかの用途に譲られる。しかし，放送方式は日本，米国，欧州で異なるものとなり，ディジタル技術の世代になってもアナログテレビジョンと同じく世界的な互換性は実現されなかった。特に，アナログテレビジョンでは日本と同じ NTSC 方式をとっていた近隣の韓国と台湾が，地上ディジタルテレビジョンにそれぞれ米国方式，欧州方式を選んだことは留意しておくべきであろう。

　地上ディジタルテレビジョンシステムは，5.8 節で述べるディジタル多目的ディスク（DVD）と並んで MPEG ビデオ，オーディオ方式の代表的な応用例とみなされる。ここでは，ISDB-T と呼ばれるわが国の地上ディジタルテレビジョンシステムの技術を述べる。その諸元の概要を，4K，8K 放送とともに**表5.9** に示す。

表 5.9　日本におけるディジタルテレビジョン放送の諸元概要

	地上ディジタルテレビジョン		超高精細テレビジョン	
	フルセグ	ワンセグ	4K	8K
精細度（横 × 縦）	1920 × 1080	320 × 240	3840 × 2160	7680 × 4320
フレームレート〔Hz〕	60	15	60	60, 120
走査法	インタレース	プログレシブ	プログレシブ	プログレシブ
映像規格名	1080 i	240 p	2160 p	4320 p
音声方式	2 ch, 5.1 ch	2 ch	2 ch, 5.1 ch	2 ch, 5.1 ch, 22.2 ch

　わが国のシステムは，モバイル機器のためのワンセグ放送にも対応したシステムとなっており，マルチメディアシステムの例として興味深い。変調方式は，周波数軸上に多数の搬送波を並列した OFDM 方式（4.5.4 項参照）をとるが，

従来のテレビジョン放送 1 チャネルの周波数帯域（6 MHz）を約 429 kHz の幅の 14 のセグメントに分割して独立に取り扱う。セグメントの内部構成は

- モード 1：108 の搬送波を 3.968 kHz 間隔で配置，252 μs の長さのシンボルを変調
- モード 2：216 の搬送波を 1.984 kHz 間隔で配置，504 μs の長さのシンボルを変調
- モード 3：432 の搬送波を 0.992 kHz 間隔で配置，1008 μs の長さのシンボルを変調

のいずれかから選択し，多くの搬送波にテレビジョンのディジタルストリーム信号データを分散して伝送させる。変調方式は 1 セグメントに対し，ノイズなどの条件に応じて QPSK，16 QAM，64 QAM より選ぶ方法と，DQPSK（差分 QPSK）を用いる方法が規定されている。なお，実際には隣接チャネルとの干渉を防止するため 1 セグメントは使わずに 1 チャネルのセグメント数を 13 とし，5.57 MHz の帯域幅のみを使用する。

13 セグメントを 3 種類の幅のグループに分割し

- 固定受信：家庭の据え置きテレビジョンなど
- 移動受信：車載の移動テレビジョンなど
- 部分受信：モバイル電話機のテレビジョン機能など

に対応できるように使用するセグメントを指定できる。

例えば，固定受信のための高精細テレビジョンには複数のセグメントを充当するが，これを並列せずに低周波数側と高周波数側のセグメントに分散してマルチパス妨害を減殺するなどの自由度が与えられている。また，複数セグメントのうち一つのみを受信して部分的なサービスを受ける（例えば音響信号のみを聴取する）ような形式も規定されている。

信号の多重化方式は 5.6.2 項で述べた MPEG-2 システムによっており，映像符号化方式は MPEG-2 を用いている。音響信号符号化方式は MPEG-2 オーディオ/AAC を採用しており，CD や DVD とは異なって線形量子化を行うリニア PCM 方式には対応していない。

5.7 光ディジタルディスクシステム

5.7.1 光ディスクシステムの進化

光ディスクシステムの先駆けとなったコンパクトディスク（CD）の成功は，さらに高密度記録化，記録対象の多様化を導くことになった。その成功例としてディジタル多目的ディスク（DVD），ブルーレイ（Blu-ray）ディスクがあげられる。これらのディスクシステムを CD システムと比較して**表 5.10** および**図 5.28** に示す。

表 5.10 CD，DVD，Blu-ray ディスクのハードウェアの比較

	CD	DVD	Blu-ray
商品化年	1982 年	1996 年	2004 年
ディスクの直径/厚さ	120 mm/1.2 mm		
書き込み深さ	1.2 mm	0.6 mm	0.1 mm
記憶容量	約 0.68 Gbyte	片面 1 層 4.7 Gbyte 片面 2 層 8.5 Gbyte 両面記録は それぞれ 2 倍	25 Gbyte/1 層 4 層以上の多層記録 が行われる
変調方式	8/14（実際は 8/17）	8/16	2/3, 4/6, ⋯
レーザ波長	780 nm（赤外）	650 nm/655 nm（赤色）	405 nm（青緑色）
レンズの開口数（NA）	0.45	0.6	0.85
線速度	1.2 m/s	3.49 m/s	4.917 m/s
トラックピッチ	1.6 μm	0.74 μm	0.32 μm
最小ピット長	830 nm	400 nm	150 nm

こうした進化をもたらした大きな要因としてハードウェア，特に光学系技術の進歩が注目される。DVD は CD に比べて，また Blu-ray ディスクは DVD に比べてトラックの間隔が狭く，ピットが小さく，またディスクの回転の線速度が速い。

記録密度に関しては，波長のより短い青い光[†]を出力する半導体レーザの実用化が重要な進歩をもたらしたといえる。一方，レンズによりつくられる最小

[†] Blue-ray という名称では青色光の一般名称となるという理由で Blu-ray とされた。

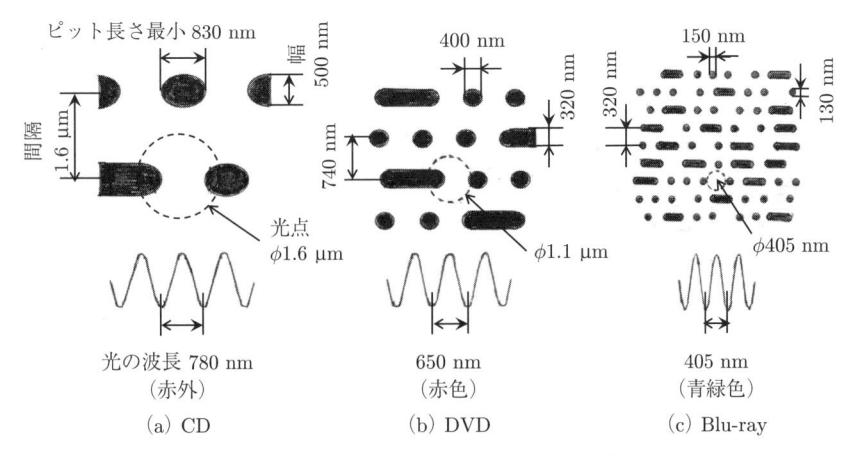

図 **5.28** 光ディスクシステムの諸元の比較

の光点（ビームスポット）の大きさは光の回折効果で決められ，レンズの開口数（NA，5.5 節参照）に逆比例するので，NA の大きなレンズの開発によって図 **5.29** に示すようにレンズと記録面を近づけ，光点を絞ることができた。

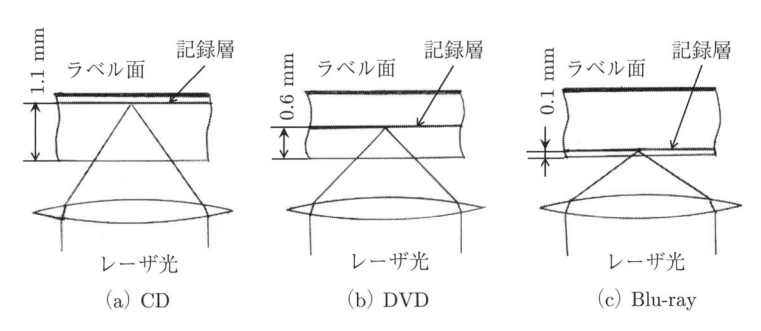

図 **5.29** 3 種のディスクの光学系の比較

一方，DVD，Blu-ray ディスクいずれも記録層の上に厚いオーバコート層をダミー基板として付加し，ディスクの全厚さを CD と同じ 1.2 mm とした。ディスクの材質（ポリカーボネート）が同じなので，ディスクの保持，回転機構は CD と共用することができる。

5.7.2　ディジタル多目的ディスク（**DVD**）システム

DVD は当初はディジタルビデオディスクと呼ばれ，音響信号のみならず映像信号まで記録できる光ディスクシステムの実現手段として実用化された。実現されたのは片面 1 層で劇場用映画の 90％以上に対応できるように 133 分の映画信号（動画像信号，音響信号，字幕信号など）を記録できることを狙って，上述のようにオーディオ用 CD と同じ寸法の円盤への大容量記録を実現した記録再生方式だった。その後，その大容量性を生かしてコンピュータデータなどの記録にも用いられるようになり，**ディジタル多目的ディスク**（digital versatile disc：**DVD**）としてマルチメディア技術の典型的な応用例に進化した。

CD と DVD とは記録する符号の変調方式がやや異なっている。4.2.4 項で述べたように，CD では 16 bit/ワードの信号を 8 bit 単位に分割し，これを 1 が連続せず，0 の連続にも制約を課した 14 bit の信号に変換していた（ただし，0 の連続数を確保するためシンボル間に 3 bit を余分に挿入していた）。DVD では同様の方式で 8 bit（画像信号は通常 8 bit 単位である）を 16 bit に変換する（余分の bit の挿入は不要としてある）。また，誤り訂正方式も両者ともリード・ソロモン符号による方式であるが，DVD ではさらに強力化されている。

DVD の画像信号は MPEG-2 または MPEG-1 を用いて圧縮されて記録される。ビットレートは MPEG-2 で最大 9.8 Mbps，MPEG-1 で最大 1.856 Mbps である。テレビジョン方式は NTSC，PAL をサポートし，アスペクト比は 4：3，16：9 をサポートする。主映像のほか，これに重ねて表示する映画の字幕やカラオケの歌詞などのためのサブピクチャにも対応している。

画像信号とともに記録される DVD の音響信号は，**表 5.11** に示すリニア PCM，ドルビー AC-3 方式，MPEG オーディオの 3 方式が用意されている。また，複数の言語に対応するため最大 8 ストリームの音響信号を記録可能としている。日本，米国など旧 NTSC テレビジョン方式の地域ではリニア PCM，ドルビー AC-3 方式のいずれかを用いた記録が必須となっている。

このように DVD システムは MPEG 方式の代表的な応用例とみなされるが，アナログビデオテープと異なり従来の映画の記録も重視し，例えば毎秒 24 フ

表 5.11 DVD の音響信号の記録方式

	リニア PCM	ドルビー AC-3*	MPEG オーディオ
標本化周波数	48 kHz, 96 kHz	48 kHz	48 kHz
量子化ビット数	16, 20, 24	（圧縮）	（圧縮）
ステレオフォニックチャネル数	2	5.1 チャネル（前 3, 後 2 およびサブウーファ）マルチチャネルシステムに対応	
ビットレート	最大 6.144 Mbps	最大 448 kbps	最大 912 kbps

*：ドルビーラボ（株）の商標

レームの速度にも対応している，字幕などのためのサブピクチャや複数言語に対応しているなど，MPEG 規格のシステムに比べて機能が拡大されている。音響信号の周波数帯域も CD より広いリニア PCM 方式をサポートしているなど，種々のマルチメディア技術を集合したシステムの感がある。

5.7.3 ブルーレイ（Blu-ray）ディスクシステム

日本のテレビジョン放送は 21 世紀にディジタル化され，ハイビジョン画質での放送が一般的となった。また，民生用のハイビジョン画質のビデオカメラも商品化され，これらに呼応してさらに大容量の光ディスクシステムが実用化された。前述のように波長の短い光（青緑色）を発生する半導体レーザと高性能レンズの実現がその技術基盤となった。**Blu-ray** でのディスクへの信号記録方式は CD，DVD で用いられたものを進化，フレキシブル化したものといえる。

記録密度の高い光ディスクシステムでは光のビームと記録面との角度が 90°から傾いたときの弊害が顕著になる。このため記録層をディスクの表面から 0.1 mm と浅くして，傾きの影響を DVD と同等に抑えることとなった。それ以外のディスクの寸法は CD，DVD と共通とされたので，多くの Blu-ray システムのレコーダ，プレーヤは DVD，CD に対応する機能も与えられている。

今後さらに短波長（紫外線）の安価なレーザが実用化されれば高密度記録化が期待されるはずだが，Bru-ray ディスクが現状技術の限界という予測もある。理由の一つは記録媒体のポリカーボネートが紫外線に対しては劣化しやすい欠点があり，代替材料が不明瞭なことである。もう一つは記録層の深さを浅くす

るとディスク表面の傷などの影響が顕著となることで，3.5インチフロッピーディスクのように保護ケースに収容することになると従来のレコーダ，プレーヤでは対応不能となってしまう。このため，CD，DVD，Blu-rayディスクは今後しばらく用いられると予想される。

5.7.4 多層構成による大容量化

DVD，Blu-rayディスクではディスクの厚さ（1.2 mm）に比べ記録層が浅いので，図 5.30(a) のように基盤の一部が信号記録とは無関係のダミー層となる。

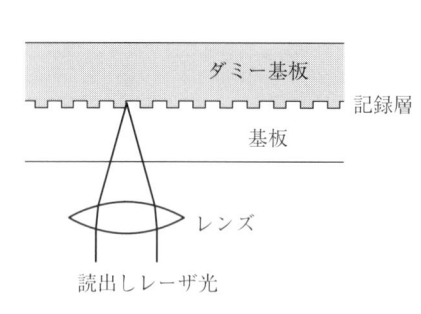

（a） 片面1層ディスク（4.7 Gbyte）

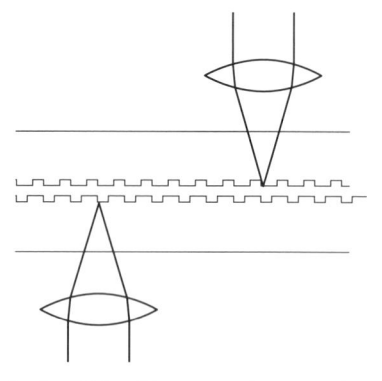

（b） 両面1層ディスク（9.4 Gbyte）

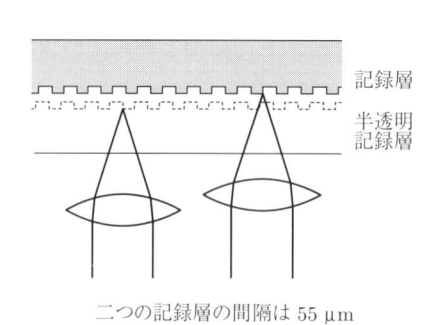

（c） 片面2層ディスク（8.5 Gbyte）

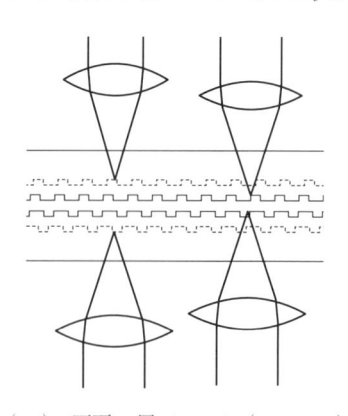

（d） 両面2層ディスク（17 Gbyte）

図 5.30　多層記録ディスクシステムの概念（記録容量は DVD の場合）

これを活用して複数の記録層により多層記録し，記録容量を増すことが可能となる。

　例えば，DVD では図 5.30(b) のように 2 枚の記録面側を貼り合わせた両面記録により記録容量を 2 倍としたディスクも可能になる。さらに，読出し系の感度が高ければ反射率が低く半透明な記録面を完全な反射記録面に重ね，同じ面からアクセス可能な多層記録ができる。こうした発想で図 5.30(c) に示すように片面に 2 層記録し，焦点位置の変化で読出し面を選択する方式が実用化された。焦点を結ばない面では光点が大きいので記録されているピットの影響は小さい。しかし，手前の記録面は反射率が低く，また奥の反射面も手前の面で光が弱められるので反射光は弱くなる。これによる読出し誤り率の増加を防ぐため，片面 2 層記録では 1 層記録に比べて大きなピットを用いて，記録容量が完全に 2 倍にはならないこともある。これを図 5.30(d) のように貼り合わせて両面構成とし，さらに記録容量を増やすことも可能である。

　Blu-ray ディスクでは記録層の深さがさらに浅いので図 5.30(c) の手法を発展させ，さらに多層の記録が可能となる。すでに 4 層程度の多層記録が実用に供されており，記録層をさらに増加する検討も行われている。

5.7.5　オーディオ信号専用の大容量ディスクシステム

　DVD の豊富な記録容量を活用して CD よりはるかに情報量の多いオーディオ信号蓄積方式が考案され，スーパーオーディオ CD（SACD）方式，DVD オーディオ方式の 2 種が実用化された。両者を CD 方式と比較して**表 5.12** に示す。いずれも最長記録時間を CD と同じ長さに保ち，時間当りの情報量の増加を信号のレベル分解能，時間分解能の増加にあてている。また，信号のチャネル数の増加，例えば映画技術から普及したいわゆる 5.1 チャネル方式（前方に 3，後方に 2 スピーカおよび任意位置のサブウーファ，2.2.4 項参照）にも対応可能となっている。

　DVD オーディオが DVD 方式を基盤としたオーソドックスな PCM 方式なのに対して，スーパーオーディオ CD は 1bit $\Delta - \Sigma$ 変調方式を採用し，また

表 5.12 DVD と同等の高密度光ディスクによる音響信号記録システム[6]

		CD	Super Audio CD	DVD-Audio
ディスクの直径と厚さ		120 mm, 1.2 mm		
信号層		1	2	1
ディスク容量	CD 層	780 Mbyte	780 Mbyte	なし
	高密度層	なし	4.7 Gbyte	4.7 Gbyte
データ符号化	CD 層	リニア PCM	リニア PCM	
方式	高密度層	–	Σ-Δ 変調	リニア PCM
最高標本化	CD 層	44.1 kHz	44.1 kHz	–
周波数	高密度層	–	2.4822 MHz	96 kHz
最大ワード長	CD 層	16 bit	16 bit	–
	高密度層	–	1 bit	24 bit
信号周波数	CD 層	22.05 kHz	22.05 kHz	–
帯域の限界	高密度層	–	100 kHz	48 kHz
ダイナミック	CD 層	96 dB	96 dB	–
レンジ	高密度層	–	120 dB	120 dB
ステレオフォニックチャネル数		2ch	2ch, 5.1ch	2ch, 5.1ch
最長演奏時間		74 分	74 分	74 分
追加可能な情報		テキスト	テキスト, グラフィクス, 動画情報	テキスト, グラフィクス, 動画情報
主唱した会社		ソニー, フィリップスなど		パナソニックなど

ディスクを 2 層として CD フォーマットの記録も可能としているのが特徴である。なお，DVD オーディオ，スーパーオーディオ CD いずれも MPEG オーディオやドルビー AC-3 のような情報圧縮方式は使用しない。

5.7.6　書込みできる光学ディスクシステム

CD が普及するとともに書込み可能，かつ通常の CD プレーヤで再生できる CD-R，CD-RW などがコンピュータの記録メディアとして開発され，音楽著作権に関する合意の成立により音響信号の記録にも用いられるようになった。

CD-R は 1 回書込み可能，その後の修正や消去は不能というもので，1988 年に太陽誘電社の開発した通常の CD プレーヤで読める（反射率 65 ％以上，か

つピット部と非ピット部の反射率の差が 65％以上の条件を実現した）有機色素形が広く普及した。CD-R の記録媒体とそれに記録されるピットの概要を図 **5.31** に示す。CD と同じポリカーボネート基板に屈折率の大きなフタロシアニン系などの材料による色素を塗布し，その上に金属（当初は金，その後反射率を確保できる安価な材料に変更）の反射層をかぶせる。

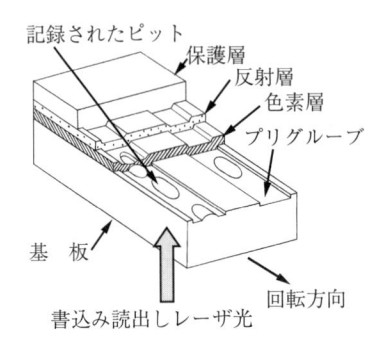

図 **5.31**　CD-R とそれに
記録されたピット

　これに強いレーザ光のスポットを照射すると熱により色素層が破壊され，基板も局部的に変形してピットが書き込まれる。ピットは基板材料の反射層方向への膨らみとなるので，CD のピットとは凹凸が逆になる。しかし，色素層の元の厚さは反射光の波長（屈折率が異なるので空気中と同じ長さではない）の 1/4 としてあるので，CD と同じようにピットではビームスポットの反射光は暗くなる。

　記録前のディスクには，光のスポットをトラックに導く手段が必要である。このため色素層を塗った基板面は平面ではなく，プリグルーブと呼ばれる渦巻き状の溝が形成されており，ピットはその凹部（レーザ光照射側から見れば凸部）に記録される。プリグルーブは緩やかに蛇行しており，これによる交流出力をもとに光スポットの位置決めが行われる。

　CD-R は記録された部分の変更や消去はできないが，複数回に分けた未記録部分への追記が可能である。ただし，追記可能な状態では再生専用の CD プレーヤでは再生はできない。ファイナライズと呼ばれる最終処理を行うとそれ以後は追記不能となるかわりに，リードイン部に CD と同じ形式の TOC が書き込

まれ，通常の CD プレーヤで再生可能となる。こうした構成はコンピュータ用の CD-R とも同じである。

CD-RW（CD rewritable）はさらに進んで，すでに記録された部分の消去，変更を可能とした CD フォーマットの光ディスクである。CD-RW の記録媒体とそれに記録されるピットの概要を図 **5.32** に示す。ディスクの構造は CD-R と同様のプリグルーブをもつ多層構造だが，記録層として有機材料による色素層のかわりに Ag-In-Sb-Te のような相変化材料の層を，保護層で挟んで形成してある。この材料は常温で結晶相，非晶質（アモルファス）相の 2 種の状態をとることができ，温度を上げて結晶化点を超すと相を変化させることができる。さらに高い温度に融点がある。記録層は工場出荷時には結晶相とされている。この材料に，温度が融点以上となるような強いレーザ光のスポットを照射して急冷すると非晶質相となり，局部的に屈折率が変化するのでピットに相当する点を書き込むことができる。また，これよりやや弱いレーザ光を当てて融点と結晶化点の間の温度まで加熱し，徐冷すると結晶層に戻るので記録を消去することができる。読出しには温度が結晶化点以下にしか上昇しない弱いレーザ光を用いる。

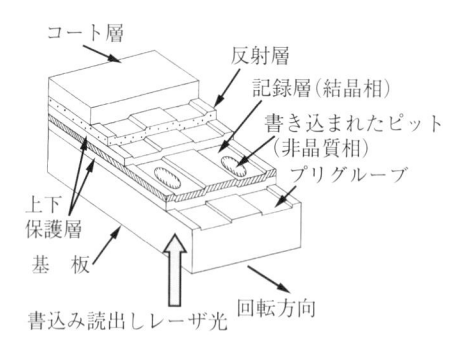

図 **5.32**　CD-RW とそれに
記録されたピット

　記録，消去の繰返しは 1000 回程度までは問題ないとされている。これは磁気ディスクの保証値よりは少ないが，摩耗のような機械的劣化の生じやすいフロッピーディスクなどよりは長寿命といえるであろう。

こうした技術を発展させて DVD にも記録可能なものが実用化された。基本的には CD-R または CD-RW と同様の構成で高密度化したものといえるが

- DVD と同じ 650 μm の波長のレーザと開口数（NA）0.6 のレンズを用いるもの（DVD-R および DVD-RW）
- 655 μm のレーザと開口数 0.65 のレンズを用い，データ転送速度の上昇を可能としたもの（DVD+R および DVD+RW）
- グルーブの溝のみでなく山にも記録する高密度のもの（DVD-RAM）

といった複数の方式が提案され，統一を欠いた状態となった。しかし，CD を含め数多くの方式のディスクを自動的に識別し，再生できるプレーヤが開発されているのはディスクの材料と幾何学的寸法を統一した賜物であろう。

Blu-ray ディスクでも同様の技術による記録可能なディスクが実用化された。DVD における多種の技術の乱立への反省があり，Blu-ray ディスクではまず記録再生可能なディスクの規格が作成され，このサブシステムとして読出し専用のディスクが規格化された。

なお，記録可能な CD，DVD ではコンピュータデータ用とオーディオ・ビデオ用の 2 種が別の商品になっているが，後者には識別コードが記録され，その価格には私的録音録画補償金が加算されている。したがって，コンピュータ用のディスクを汎用の録音装置に用いることはできない。Blu-ray ディスクも 2022 年にこの制度に加えられた。

レポート課題

1. 音響信号の情報量圧縮には，5.2 節で詳述した MPEG オーディオ方式（通称 MP3）の他にもさまざまな方式が提案されている。特に MPEG-4 に採用されている AAC は地上ディジタルテレビジョンをはじめ広く用いられている。そこで，AAC 方式の機能や信号処理内容，特徴を調べ，MPEG オーディオ方式と比較せよ。

2. ディジタルカメラシステムでは，静止画像記録には JPEG 以外にもいくつかの情

報圧縮方式が用いられている。主要なものを列挙してそれぞれの特徴を考察せよ。

3. 放送衛星，通信衛星によるディジタルテレビジョン放送と地上ディジタルテレビジョン放送に用いられている信号伝送技術を対比して述べよ。

4. CCD と MOS 撮像素子の動作原理を述べ，それぞれの特徴を比較せよ。

第 6 章

ヒューマンマシンインタラクションとVR

6.1　インタフェースとユーザインタフェース

インタフェース（interface）[†]とは仲介するもの，橋渡しという意味の言葉であり，接触面，界面，境界を意味する学術用語でもある。情報システム分野では従来から次のような意味で使われてきた。

- コンピュータと周辺機器や他の機械との接続法，接続規格
- その接続を取り持つハードウェアやソフトウェア

図 **6.1** で左右二つの両向き矢印（⇔）のうち右側がこの意味のインタフェース

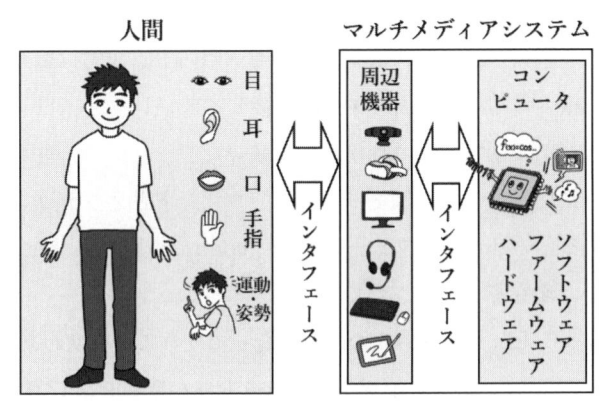

図 6.1　マルチメディアシステムにおけるインタフェースの位置づけ

[†]　インタフェイスやインターフェースなどとも表記される。本書で使うインタフェースは学会名，学会や JIS の用語として一般的に用いられる。

である。一方，マルチメディアシステムにおいては，左側の⇔のように，システムとそれを使う人間とのやりとりを行うハードウェアやソフトウェアを意味する言葉としても使われている。この意味の場合，特に**ユーザインタフェース**と呼ばれる。ヒューマンインタフェース，ヒューマンコンピュータインタフェースなども同じような意味をもつ言葉であるが，これらはユーザに限定せず人間のさまざまな営みに用いるという意味が込められているのだろう。また，人間に向かい合うものはマルチメディアシステム・情報システムを含め機械であると広くとらえて，ヒューマンマシンインタフェースという用語も用いられる。

6.2 ユーザインタフェースの変遷

かつてのコンピュータは大きな部屋に設置され，一度に一つの計算を行うバッチ処理で使われるものであった。その時代の典型的なインタフェースは，入力がパンチカードと紙テープ，出力は紙への印字であった。

その後，一台のコンピュータを複数のユーザが交互に対話型で使う TSS（time sharing system）が主流となった。ユーザの切り替えは ms 単位で行われるため，あるユーザから見ればコンピュータを占有するような感覚で使える。この時代の典型的なインタフェースは，入力がキーボード，出力は紙への実時間印字であった。紙への印字は画面（ブラウン管ディスプレイ，CRT）に変わったが，文字だけしか表示できない時代が長く続いた。

ユーザインタフェース面ではキーボードでコマンドとオプションを書いた文字列を入力するというインタフェース CLI（command line interface）が主流だった。CLI は現在でも活用されている。

TSS も大型コンピュータをみんなで分け合って使うことに変わりはなかった。1971 年，嶋（ビジコン）はさまざまな機能をもった電卓を同じ IC で作ることを目指し，インテル社と共同でマイクロプロセッサを生み出した。これが個人用のコンピュータ（パソコン，PC）が生まれる契機となった。また携帯電話やプリンタ，産業機器などさまざまなものに組み込まれ広い分野で応用が進んだ

が，そのような機器のユーザインタフェースはボタン入力が主流だった。

6.3 GUIによるユーザインタフェースの刷新[1)]

6.3.1 GUI の発明とコンピュータへの導入

GUI（graphical user interface）とは，画面上に，コンピュータやソフトウェア（アプリ）の状態など操作に必要な情報をグラフィカルに（視覚情報として）表示し，画面上に表示されたメニューやマウスカーソルなどによりグラフィカルに操作の指示を行う技術の総称である。

1960 年代に入り，ブラウン管とペン型デバイスでの画面上に図形が描けるサザランドのシステム Sketchpad，マウスとポインタ用いたマルチメディアシステムであるエンゲルバートの NLS と，その後の GUI に大きな影響を与えた技術が開発された。1972 年にはケイがゼロックス社で GUI を用いた書籍型の個人用コンピュータ Dynabook の開発を開始，1981 年に本格的な GUI を用いた商用コンピュータ XEROX STAR が発売された。

1984 年，アップル社が GUI 型パソコン Macintosh[†]を発売して人気を博した。1995 年マイクロソフト社が Microsoft Windows 95 を発売すると，パソコンの GUI 化が大きく進んだ。CLI が多用される UNIX システムでも Debian に代表されるように GUI が導入されている。

GUI は現在，さまざまな機器で用いられている。パソコンと類似の機能をもつタブレットやスマートフォンなどのモバイルシステムはもちろんのこと，カーナビゲーションシステム，プリンタ，冷蔵庫，オーブンレンジなどさまざまな機器操作の GUI 化も進んでいる。これらの多くはグラフィック情報のみならず音や音声，振動など複数の感覚情報（マルチモーダル感覚情報）を用いており，まさにマルチメディアシステムとして活用されている。

[†] 北米で広く栽培されるリンゴ McIntosh（日本名：旭）に由来する命名

6.3.2　GUI を構成する部品[2)]

図 **6.2** に示すウィンドウ，アイコン，メニュー，ポインタは GUI を特徴付ける部品（要素）であり**WIMP**と総称される。ウィンドウはある作業を進める画面を意味する。iOS, Microsoft Wndows, Debian のように複数のウィンドウを配置するシステムも多い。複数のウィンドウのうち使用中のものをアクティブウィンドウと呼ぶ。アイコンの原語 icon は偶像を意味するが，GUI では作業の内容を直感的にわかりやすく示す小さな絵を意味する。メニューは作業項目の一覧を示すもので，GUI ではウィンドウの上部や画面の下部などにメニューバーが表示され，そこをクリックするとメニューの一覧が表示されるプルダウンメニュー方式がよく使われる。ポインタはカーソルとも呼ばれ，ウィンドウあるいは画面の中で操作対象としたい場所の指定に用いられる。

GUI では WIMP 以外の部品も用いられる。例えば，音楽を聞く際，小さな

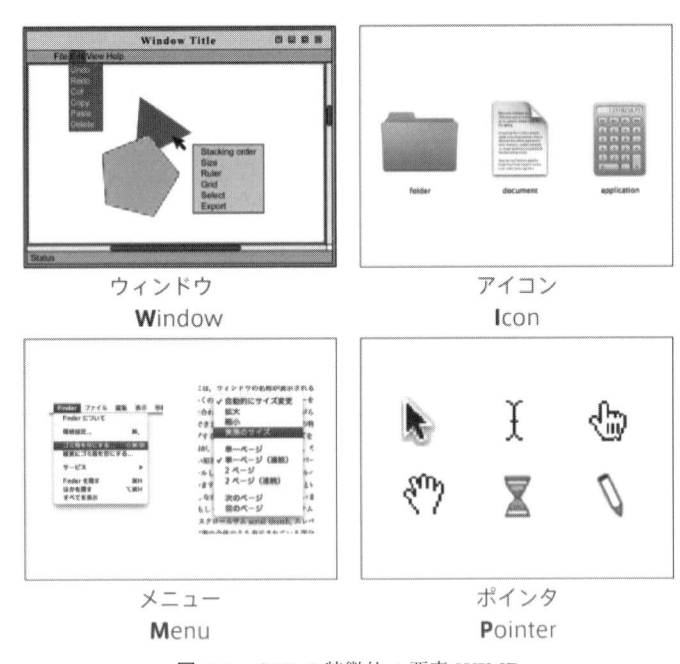

図 **6.2**　GUI の特徴的 4 要素 WIMP

ウィンドウに音量を変えるスライダやダイアル，プレイボタン（▶）などが表示されることがある。このような部品は**ウィジェット**と呼ばれる。

6.3.3　GUI の 特 徴

GUI の特徴の一つは**WYSIWYG**である。これは "What you see is what you get." の略語であり，直訳の「見ているものが得られるもの」が意味するとおり，例えば描画ソフトのウィンドウでは画面で描いたとおりの絵が作成できることを意味する。文書作成，編集では，以前は行間隔や用紙4辺のマージンなどの指示を文章と別の行にコマンドとして記入していたが，現在のワードプロセッサではウィンドウで編集したものが文書の体裁になるのが当たり前になった。

これは GUI の特徴とされる直接操作の結果であるともいえる。これは，あたかも物理的な物を操作する感覚でマルチメディアシステムを操作できるという概念である。WYSIWYG で示した例も，紙の上に絵や文字を書いている感覚で操作ができている。

物理的な操作の感覚とも関連し，GUI では**メタファ**（metaphor, 隠喩, 暗喩）がよく用いられる。GUI のさまざまな機能を身近な事物に関連づけることである。6.3.2 項のアイコンが典型であり，図 6.2 のアイコンは文書入れ，文書，電卓であることが見てすぐわかる。ポインタが矢印になっているのも同様である。

GUI には短所もある。GUI ではポインタを移動させ，メニューから機能を選ぶなどに一定の時間を要する。これにより直感的な操作が可能であるが，CLI に習熟した熟練者には逆に煩わしく，使いづらいと感じられることがある。また，CLI では複数のコマンドをまとめ，条件分岐や繰り返しなどを含むスクリプトにすることが容易である，これに比べると GUI は操作の自動化がしづらいとも言える。これに対しては，キーボードとポインタを同時に使う仕組みや，GUI 操作の一連の手順をまとめて保存し活用する仕組みなど，改善も進んでいる。

6.4　インタフェースハードウェア技術

　GUI のように進んだユーザインタフェースを実現するにはソフトウェアのみならず図 6.1 の右側の⇔を担う高機能で高速なインタフェースハードウェアが必要である。

　以前はコンピュータ本体と周辺機器間のインタフェースには複数のビットをまとめてやりとりするものが多かった。これを**パラレルインタフェース**と呼ぶ。例えば，プリンタ接続でよく用いられた IEEE 1284 では一度に 8 bit のデータを取り扱うため，信号と接地が 8 組 16 本設けられている。小型コンピュータ用のインタフェースとして広く用いられていた SCSI（Small Computer System Interface）でも当初は 8 bit，後には 16 bit のデータ幅をもっていた。

　それに対し，近年では**シリアルインタフェース**が多用される。この方式は，ちょうど CD で 1 データ 16 bit×2 ch，ディジタル電話伝送では 1 データ 8 bit が，1 本のビット列に並び替えられて伝送，記録されるのと同じ考え方である（4.2，4.3 節参照）。シリアルインタフェースの長所は，パラレルインタフェースのように複数の信号線の間の同期を考慮する必要がなく長めの距離でも安定して動作し，線や端子の数も少なくて済むことによる。また，電子工学の発展により高速な伝送が可能なったことも普及の背景である。**表 6.1** に示すように，かねてから使われていた RS232C に比べて **USB** ははるかに高速である。この表には，映像音響機器などで使われる **HDMI** も載せてあるが，HDMI では当初，RGB の伝送を考慮し 3 組（レーン）の信号線が設けられているためパラレルインタフェースの要素も有している。USB でも 3.2 からは 2 レーンのやりとりが可能になっている。

　近年のマルチメディアシステムでは無線のインタフェースも用いられている。LTE，5G など公衆モバイル網，WiFi も用いられるが，ZigBee，Bluetooth など 10 m 程度のパーソナルエリアネットワークと呼ばれる近距離無線通信方式が使われることが多い。

表 6.1　おもなシリアルインタフェースの諸元

	RS232C	USB	HDMI
おもな目的	端末通信機器接続	情報機器汎用	映像音響機器接続
登場年	1968	1996	2002
おもなコネクタ	Dsub 9 pin (EIA-574)	Type A, Type B（4 pin，9 pin） Micro-B（5 pin,9 pin） Type C（12 × 2 pin）	Type A（19 pin） Type D（19 pin）
データ速度	〜115.2 kbps	1.5 Mbps〜 USB2 480 Mbps USB3 5 Gbps USB4 20 Gbps	V1.1 4.95 Gbps V1.3 10.2 Gbps V2 18.0 Gbps V2.1 48.0 Gbps
データ伝送線路	3 線（送信，受信，接地）	2 線（D+，D-） USB3.2 以降は 2 レーン可	3 線（data+, data shield, data-）×3 レーン。 V2.1 は 4 レーンも可
データ伝送様式	不平衡（シングルエンド）型）	平衡（差動）型*	平衡（差動）型
データ振幅電圧	±3〜25 V	3.3 V（D+ と D− が 0〜3.3 V で変化する）	標準 500 mV （差動電圧公称振幅）
最大接続数	1	127	1
単位データ長	8 bit 前後	1〜3072 byte	10 bit/1 クロック
最大ケーブル長	15 m	5 m	規定なし

*一部シングルエンド的な動作もあり，D+ と D− とも電圧範囲は 0〜3.3 V である

ここでは広く普及している **Bluetooth**†について説明する。

Bluetooth は，1 台のマスタと，同時に 7 台まで接続可能なスレーブからなるピコネットが基本単位となる。例えば，PC にイヤフォンを接続するときには通常 PC がマスタ，イヤフォンがスレーブとなる。この関係を取り結ぶ作業をペアリングと呼ぶ。マスタは他のピコネットのスレーブになることもできる。

通信はペアリングされた 1 対 1 が基本で，WiFi や電子レンジと同じ 2.4 GHz 帯を使用して行われる。2.4 GHz 帯に 1 MHz 帯の 79 帯域を設定し，625 μs ごとに周波数をランダムに切り替える。これはランダムホッピングと呼ばれ，同じ帯域を使う他のピコネットや WiFi との間の混信耐性を強めている。信号の伝送にはガウシアン周波数偏移変調（GFSK, Gaussian frequency shift keying）

---

†　ノルウェーとデンマークを無血統合したデンマーク王ハラル 1 世の異名である青歯王に由来する。

を用いデータ速度は 1 Mbps である。BPSK や QPSK（4.7.1 項参照）がディジタル信号によって搬送波の位相を操作するのに対し，GFSK は 1 と 0 をガウスフィルタを用いて平滑化した信号により周波数を上下させる周波数変調である。また Bluetooth V2 からは DQPSK（差分 QPSK）と 8DPSK（8 値差分位相変調）が導入され，2 Mbps，3 Mbps の伝送が可能となっている。低電力版もあり遠距離用として 125〜500 kHz の伝送も用いられる。

6.5　インタフェースからインタラクションへ

　マイクロプロセッサ登場以前のコンピュータは前述のように部屋に据え付けられる不動の存在で，ユーザはコンピュータにコマンドを与え，その実行結果を返してもらうものであった。マイクロプロセッサの誕生により，コンピュータはさまざまなところに組み込まれて，人間との付き合い方にもいろいろな形が生まれてきた。ユーザインタフェースは GUI が基本となり，それを越える技術も続々と生まれ，発展してきている。

　このような発展による重要な変化は，ユーザとコンピュータの間のインタフェースが同一の環境で行われる静的なものではなく，たがいに影響を及ぼし合う動的な相互作用，つまり**インタラクション**していくことが普通になったことである。そのため，人間と機械のインタフェースを超えて，それらの間のインタラクションを司る技術を意味する**ヒューマンマシンインタラクション**という用語が広く用いられるようになっている。この場合，図 6.1 の右側は，単一のシステムではなく私たちを囲む機械群と考えることができる。

　私たちはいまや，何台かのコンピュータを使うだけではなく，スマートフォンをはじめとしたモバイルデバイス，マイクロプロセッサで制御される家電製品，自動車など，多種多様な「情報処理装置をもつ機械」に囲まれている。毎日をそれらと相互に影響を及ぼし合いながら，かつての人間より拡張された能力を発揮して暮らしていく時代になっている。これをマルチメディアシステムなどの情報処理の仕組みが私たちの環境を形成していると考え，**情報環境**と呼ぶ。

人間は情報環境と共生（cohabilitation）する時代に生きていると言えよう。

VR も情報環境を形作る代表的なマルチメディアシステムの発展形である。

6.6　バーチャルとバーチャルリアリティ

6.6.1　バーチャルリアリティ（**VR**）の意味するもの[3)]

バーチャルリアリティ（virtual reality：**VR**）の **virtual** の意味を英語の辞書で調べると次のように記されている。

> みかけや形は原物そのものではないが，本質的あるいは効果として
>
> は現実であり原物であること

バーチャルリアリティを「仮想現実」と訳すことがよくあるが，仮想（仮に想定した）はバーチャルとはまったく異なる概念であることがわかる。どんなものにも本質的な部分があり，それを備えているのが「バーチャル」である。

いま，ある人が置かれた環境を英語 virtual が意味するように感じることができるシステムがあれば，これはその人が置かれた環境を「みかけや形は原物そのものではないが，本質的あるいは効果としては現実であり原物である」ように感じることができるようにするシステムあるいは技術であるといえる。これはそのままバーチャルリアリティの定義である。この定義からも，VR を仮想現実や仮想現実感と呼ぶことは明らかに不適切であると理解できる。

VR は次のように説明することもできる。

- 人間が感じる世界は感覚器が脳に投影した現実世界の写像であると考えれば，人間の認識する世界が表現できれば VR である。
- VR は現実世界の本質を時空の制約を超えて人間に伝える技術であり，言い換えると VR は人間の能力拡張のための道具である。

6.6.2　VR を構成する技術とシステム化

人間の感じる世界を完全に表現するには，視覚（映像），聴覚（音）だけではなく五感（視，聴，触，嗅，味）の他，運動感覚や平衡感覚（前庭感覚）など

すべての感覚情報が必要である。利用者にこれらの情報を表示する装置を**感覚ディスプレイ**と呼ぶ。聴覚に空間的な音情景を提示する装置は聴覚ディスプレイと呼ばれる。映像情報の提示装置をあえて視覚ディスプレイを呼ぶことも少なくない。触覚ディスプレイ，嗅覚ディスプレイ，味覚ディスプレイの開発も進んでいる。

　HMD（head-mounted display）は**視覚ディスプレイ**の代表例である。規模が大きな VR では，映像プロジェクタを用いて体験者の四方と天井，場合によっては床にも映像を表示する没入ディスプレイが用いられる。

　聴覚ディスプレイでは，音空間知覚の基本的な情報が両耳への音入力であることから，イヤフォン，ヘッドフォンを用いて両耳入力を与えるバイノーラルディスプレイが代表例である。そのほか多数のスピーカを用いて，利用者のまわりに音空間を合成するシステムも開発が進んでいる。その例として，到来する空間的な音波の伝搬特性を，ホイヘンスの原理を用いて合成する WFS（wave field synthesis）や球面調和関数を用いて合成する高次アンビソニックス（high-order ambisonics：HOA）があり，実用化が進んでいる。

　触覚ディスプレイには物体の形状をバーチャルに提示する装置，手触り等の繊細な情報（テクスチャ）を提示する装置などの視点からさまざまな製品がある。また，物体を操作したときの手応えなど力の感覚を提示する装置は特に力覚ディスプレイと呼ばれる。

　VR では体験者の動きや働きかけに応じて提示する情報をリアルタムで適応的に変化させることが必須の要件である。言い換えれば，インタラクション技術は VR の実現の鍵である。

　したがって，VR では感覚ディスプレイ技術だけでなく，体験者の状況を感知するセンサも重要である。カメラやマイクロフォンはもちろん，体験者の動きをセンスするモーションセンサも重要である。特に複数のカメラや赤外線センサを用いて身体全体の動きをセンスする装置はモーションキャプチャと呼ばれる。また，機械操作を行うには手の形状をセンスするハンドトラッカも大事な装置である。視線の動きをセンスするアイトラッカも有用である。

センサとは逆に，VRシステムから利用者に働きかける装置，アクチュエータも重要である。上述の手触り感を提示する触覚ディスプレイや力覚ディスプレイではアクチュエータが重要な役割を果たしている。

また，それらを統合・統括してバーチャルな世界を表現するハードウェアとソフトウェアからなるリアルタイムシステムが必要である。その実現にはバーチャルな世界をコンピュータで実現するためのモデル化が必要になる。モデル化されたバーチャル世界は，ディスプレイやセンサ，アクチュエータの情報を統合，統括してインタラクティブに表現し，体験できるようする。この過程をレンダリングといい，システム実現のうえできわめて重要である。

以上で紹介した要素技術を組み合わせてVRシステムが作られる。図 **6.3** にHMD，バイノーラルディスプレイ，モーションセンサ，レンダリング用PCを組み合わせた野球のバッティグVRシステムを示す。図 (a) はシステムの全景と体験中の様子，図 (b) は視覚ディスプレイにレンダリングされた体験者視点映像の例である。このシステムは研究用で，例えばバットに当たった球が静止する時間を操作することができ，そのときの迫真性の変化などが調べられている。

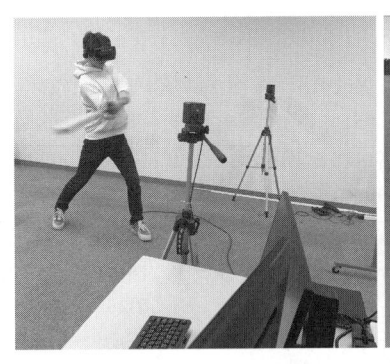

(a) システム全景と体験者   (b) 体験者視点の1シーン

図 6.3 野球バッティング VR システム[4]

現実の世界を遠隔地で「現実であり原物であるように感じる」ことができるバーチャル世界として実現することはVRの重要な応用分野である。この考えは**テレイグジスタンス**と呼ばれている。そのためのバーチャル世界のモデル化

には，現実世界の精細なシミュレーションが必要になる。

┤ コーヒーブレイク ├

サイバーフィジカルシステム（**CPS**）とサイバネティックアバタ

　私たちの情報環境の向こうのネットに広がる世界・空間をサイバー空間と呼びます。サイバーは元々，ウィーナーが創始した学術的概念のサイバネティクス（cybernetics，機械と生物を融合した通信と自動制御）から取られた言葉ですが，現在では情報技術やネットワークに関するという意味で使われています。また，私たちの住む実世界は，サイバー空間と対になる物理的な空間はフィジカル空間と呼ばれます。この二つの空間は図に示すように，相互作用を及ぼし合っています。

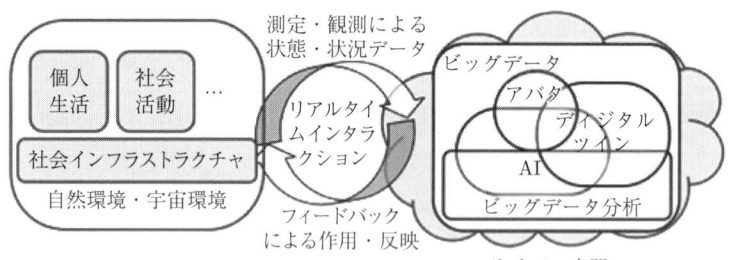

<フィジカル空間>
データの生成，測定，観測，活用

<サイバー空間>
データの蓄積・分析，バーチャル事物の動作

　フィジカル空間では，さまざまなセンサと手段を用いて自然環境から人々の行動記録まで膨大なデータが常に観測，取得されています。このデータ（ビッグデータ）はサイバー空間内のクラウドに蓄積されますが，これは単にデータとして存在し分析されるだけではありません。サイバー空間には機械や動物などのバーチャルなモノ，そして経済活動がなどバーチャルなコトなども存在します。それらの結果はフィジカル空間にフィードバックされ，フィジカル空間に作用し，反映されます。そこで，これを一つの巨大なシステムとみなしてサイバーフィジカルシステム（CPS）と呼ぶようになりました。

　CPS のサイバー空間にあるバーチャルな人物や動物はサイバネティックアバタあるいは単にアバタと呼ばれます。あなたのアバタが別の空間で同時に活躍する，そんな時代の到来を目指す研究も進められています。QR コードが示すウェブサイト[5]はそのような将来像の一例です。

6.7　VR の 発 展 形

VR の意味する「みかけや形は原物そのものではないが，本質的あるいは効果としては現実であり原物であるように感じさせる」技術が発展するに従い，さまざまな拡張系が生まれてきた。その代表的な例を紹介していく。

6.7.1　MR と AR

MR（mixed reality）は**複合現実感**とも呼ばれ，バーチャルな世界を現実世界と融合，合成して表現する技術である。一例をあげよう。実際に体験者の前にある机。その上におかれた紙とペンをレンダリングして机の上に表示する。ペンを持ち上げる力感，それを使って紙に描く映像，ペンの書き心地と紙を滑る音，書かれた文章。これらが現実の机と一緒にレンダリングされ，快適な執筆作業ができる。執筆結果はコンピュータのファイルとなっている。

図 **6.4** は実際の MR システムの 1 シーンである。ここでは飛鳥京（現：奈良

(a)　現実の明日香村の風景　　(b)　飛鳥時代の五重塔を MR により
バーチャル合成した風景

図 **6.4**　MR「バーチャル飛鳥京」による川原寺五重塔の MR レンダリング[6]

県明日香村）にあった五重塔が現在の景色の中に複合してレンダリングされている。日光の陰影もきれいに表現できていることなどが見てとれよう。

AR（augmented reality）の augment は増やすという意味で，拡張現実感とも呼ばれる。バーチャル世界に現実世界とさまざまな付加情報を併せて表現し世界を拡張して表現する技術である。MR と類似のシステムを意味する場合もあるが，AR では，レンダリングされている世界の分析結果や参考情報等を付加的に表現する拡張が一つの典型例である。図 6.4 に示した MR では，あるデバイスを身につけて現在の明日香村を歩き，飛鳥京時代の建物などを探訪できる。AR となれば，さらに，感覚ディスプレイ経由のさまざまな情報を読んだり聞いたり感じたりすることができる。また，飛鳥時代の人々との会話，さらには協働作業が体験できるなどさまざまな拡張を考えることもできるだろう。

6.7.2　SR と DR，XR

SR（substitutional reality）の substitute は置き換えるという意味である。映画『マトリックス』が描く世界のように，バーチャル世界がまさに暮らしていく世界であるよう表現する技術を意味する用語である。現在でも帰宅後は寝ているときも含めメタバースなどのバーチャル世界で暮らす人も少なくないと聞く。ゲーム機の高性能化とそれを利したゲームの開発も合わせ考えるとき，バーチャル技術の発展により生活の一部が SR 化されていく市民が増えていくのは自然な流れなのかもしれない。

DR（diminished reality）の diminish は消すという意味であり，MR，ARとは逆に，現実世界の情景から一部を消し去る技術，一部だけを表現する技術である。バーチャルが意味する「本質的あるいは効果としては現実であり原物である」と判断できる最小限の情報提示の重要性を意味していると考えれば興味深い。一方，表示する，しないが誰によって判断されるのか，本来のものがわからなくなってよいのかなどの懸念もあると考えられる。

XR は xR とも書かれる。日本では extended reality の略語として理解され，

extend が"拡大する/させる"を意味することから，人間が感ずる世界の本質的な拡張を目指す技術と考えることが多い。その意味では，MR，AR，SR，DR の総称と考えられる。さらに x が未知数，ワイルドカードを意味すると考え，上記すべてと今後展開される新技術への期待を表す表現との考え方もある。このほうが夢の広がるよい理解であると思える。

6.7.3　今後への展望

　かつての VR はバーチャル旅行や人体内の旅，建てる家の事前体験など特別な目的をもつものが多かった。しかし現在では，バーチャル世界がサイバー空間に組み込まれてさまざまな経験を行う基盤になっている。人間だけではなく動物の利用も広がっている。

　21 世紀に入ると，実世界（フィジカル空間）の事物が精細なモデル化に基づくバーチャル化によってサイバー空間にもおかれ，これを双子になぞらえてディジタルツインと呼ぶ考え方が生まれた。当初この言葉は製造分野の革新を目指して使われた。その後 5G そして 6G へと通信速度の向上と低遅延化が進むにつれ，実世界のフィジカル空間とサイバー空間のインタラクションがリアルタイム性を高めさらに強まってきている。これによりディジタルツインはサイバー空間の中核として，フィジカル空間にある私たちの社会活動を豊かにし，人生の質を高める情報システムとしての役割を強めている。

　電子デバイスでは画像・映像信号処理を行うデバイスである GPU（graphics processing unit）の進歩がめざましく，その用途は画像処理に限らず大幅に広がった。これにより深層学習を含む複雑かつ大規模な計算を要する応用が人工知能（AI）をはじめとして次々と生活に取り入れられている。音信号処理でも，IC チップによる音場のシミュレーションが実時間より速くなれば，それは実際のホールと同様の音場と考えられるというシリコンコンサートホールの考え方が進んでいる。以上のような社会システムの変化と電子工学と応用技術の発展を背景として，VR はこれからも XR の X に新しい意味を加え，先端的マルチメディアシステムとして発展していくものと期待される。

レポート課題

1. GUI の例を身近に使用しているシステムから見つけ，WIMP がどのように活用されているかをまとめよ。その際，WYSIWYG とメタファが用いられているかどうかも考察せよ。

2. 聴覚ディスプレイ，触覚ディスプレイ，嗅覚ディスプレイ，味覚ディスプレイのいずれかを選び，その具体的システムをあげなさい。そのシステムが提示できる情報の概要を機能と，それが人間の感覚のどのような機能を対象としたものかを考察しなさい。

引用・参考文献

1 章

1) 柿本正憲 ほか：改訂 メディア学入門，メディア学大系 1，コロナ社（2020）
2) 佐藤卓己：現代メディア史，岩波書店（1998），新版（2018）
3) 吉見俊哉 ほか：メディアとしての電話，p. 26，弘文堂（1992）
4) 国立天文台 編：理科年表，丸善（年刊）
5) JIS Z 8203：国際単位系（SI）及びその使い方
6) 宮川洋 ほか：ディジタル信号処理，電子情報通信学会（1975）
7) 大賀寿郎 ほか：音響システムとディジタル処理，電子情報通信学会（1995）
8) J. P. ギルフォード 著，秋重義治 訳：精神測定法，培風館（1959）
9) 日科技連官能検査委員会 編：官能検査ハンドブック，日科技連出版社（1973）
10) 日本音響学会 編，境久雄 編著：聴覚と音響心理，音響工学講座 6，コロナ社（1978）
11) 日本音響学会 編，難波精一郎，桑野園子 著：音の評価のための心理学的測定法，音響テクノロジーシリーズ 4，コロナ社（1998）
12) 原島博：信号解析教科書—信号とシステム—，コロナ社 (2018)

2 章

1) 三浦種敏 編：新版 聴覚と音声，p. 295，電子情報通信学会（1980）
2) 北脇信彦：ディジタル音声・オーディオ技術，電気通信協会 (1999)
3) 中山一郎：日本語を歌・唄・謡う 共通詞のうたい分け，アド・ポポロ企画（2002）
https://iss.ndl.go.jp/books/R100000002-I000004140669-00
4) 河原英紀 名誉教授（和歌山大学）が 3) のデータを用いて作図
5) 中川聖一 ほか：不特定話者の音声自動認識のための性別・年齢差による話者分類の考察，電子情報通信学会論文誌 D，**J63-D**, 12, pp. 1002–1009（1980）
6) 文献 1)，p. 329
7) NTT・東北大 親密度別単語了解度試験用音声データセット（FW03, FW07）音声資源コンソーシアム，国立情報学研究所
https://research.nii.ac.jp/src/list.html
8) 日本音響学会 編，平原達也 ほか：音と人間，音響入門シリーズ A-3, 図 4.39，コロナ社（2013）

9) 坂本修一ほか：単語了解度試験におけるモーラ同定に対する親密度の影響，日本音響学会誌，**60**, 7, p.351 (2004)

10) 鈴木陽一ほか：ISO 226 (等ラウドネスレベル曲線) 2023 年版：改訂の背景と実務への影響，日本音響学会誌，**80**, 1, p.6 (2024)

11) 福島邦彦 ほか：視聴覚情報処理，森北出版（2001）の図の一部を著者が修正

12) J. Sato et al. : Relationship between gaze direction and sound localization in ventriloquism effect, Acoustical Science and Technology, 32, 1, pp. 40–42(2011)

13) 河地庸介，行場次朗：視覚的事象の知覚に関する最近の研究動向—物体同一性，因果性，通過・反発事象の知覚—，心理学評論，**51**, 2, pp. 206–219 (2008)

14) 日本音響学会 編，難波精一郎 編著：音と時間，音響サイエンスシリーズ 13, 9 章，コロナ社 (2015)

15) S. Sakamoto et al.: Effect of speed difference between time-expanded speech and moving image of talker's face on word intelligibility, J. Multimodal User Interfaces, **2**, 3–4（2008）

16) J. P. ギルフォード 著，秋重義治 訳：精神測定法，p. 129, 培風館 (1959)

17) 日本音響学会 編，境久雄 編著：聴覚と音響心理，音響工学講座 6, p. 256, コロナ社（1978）

18) 小池恒彦 ほか：音声情報工学，NTT 技術移転（1987）

19) 安藤由典：新版 楽器の音響学，音楽之友社（1996）

20) B. C. J. ムーア（大串健吾 監訳）：聴覚心理学概論，誠信書房（1994）

21) 難波精一郎 編：聴覚ハンドブック，ナカニシヤ出版（1984）

22) 重野純 編：心理学，新曜社（1994），改訂版（2012）

23) IEC Technical Report 60959 "Provisional head and torsosimulator for acoustic measurements on airconduction hearing aids"（1990）

24) 大田登：色再現工学の基礎，コロナ社（1997）

25) 樋渡涓二：画像工学とテレビジョン技術，槇書店（1993）

26) 村上伸一：画像通信工学，東京電機大学出版局（1994）

27) 藤尾孝：電子画像工学—画像メディアの感性化とシステムの設計—，電子情報通信学会（1999）

28) 長谷川伸：改訂 画像工学，電子情報通信学会大学シリーズ J-5, コロナ社（1991），新版（2006）

29) 南敏，中村納：画像工学（増補），テレビジョン学会教科書シリーズ 1, コロナ社（2000）

30) 末松良一，山田宏尚：画像処理工学，メカトロニクス教科書シリーズ 9，コロナ社（2000），改訂版（2014）

31) スペンス・チャールズ ほか：視聴覚統合，日本音響学会誌，**63**, 2, pp. 83–92（2007）

32) 藤崎和香：聴覚情報処理のフロンティア研究と情報通信技術への応用 [II]: 視聴覚の情報統合と同時性知覚，電子情報通信学会誌，**89**, 10, pp. 906–911 (2006)

3 章

1) 岩井登 監修：無線百話—マルコーニから携帯電話まで—，クリエイトクルーズ（1997）

2) 池上文夫：通信工学（訂正版），理工学社（1995）

3) 平松啓二：通信方式，電子情報通信学会大学シリーズ F-4，コロナ社（1985）

4) 樋渡涓二：画像工学とテレビジョン技術，槙書店（1993）

5) 南敏，中村納：画像工学（増補），テレビジョン学会教科書シリーズ 1，コロナ社（2000）

6) 日本音響学会 編，中島平太郎 ほか著：応用電気音響，音響工学講座 2，コロナ社（1979）

7) 竹村裕夫，田中繁夫：家庭用ビデオ機器，テレビジョン学会参考書シリーズ 2，コロナ社（1991）

8) 竹ヶ原俊幸 ほか：ディジタルオーディオ，テレビジョン学会実用書シリーズ，コロナ社（1989）

9) 土井利忠，伊賀章：新版 ディジタルオーディオ，ラジオ技術社（1987）

10) 阿部美春：テープ録音機物語，JAS ジャーナル，2004 年 7 月～2012 年 11 月連載（全 66 回）

4 章

1) IEC 60908 "Compact disc digital audio system"（1987）

2) 大賀寿郎ほか：音響システムとディジタル処理，電子情報通信学会（1995）

3) 土井利忠，伊賀章：新版 ディジタルオーディオ，ラジオ技術社（1987）

4) 竹ヶ原俊幸 ほか：ディジタルオーディオ，テレビジョン学会実用書シリーズ，コロナ社（1989）

5) 鎌倉友男 ほか：音響エレクトロニクス，培風館（2004）

6) 末松良一，山田宏尚：画像処理工学，メカトロニクス教科書シリーズ 9，コロナ社（2000），改訂版（2014）

7) 釜江尚彦，吹抜敬彦：ディジタル画像通信，産業図書（1985）

8) 貴家仁志 ：よくわかるディジタル画像処理，CQ 出版（1996）

9 ）酒井幸市：ディジタル画像処理入門，コロナ社（1997）

5 章

1 ）宮坂榮一：聴覚の性質を利用した高能率圧縮の原理，日本音響学会誌，**60**，1，p. 18（2004）

2 ）守谷健弘：音声符号化技術，電子情報通信学会誌，**84**，11，pp. 836–842（2001）

3 ）北脇信彦 編：ディジタル音声・オーディオ技術，電気通信協会（1999）

4 ）末松良一，山田宏尚：画像処理工学，メカトロニクス教科書シリーズ 9，コロナ社（2000），改訂版（2014）

5 ）加古孝 ほか：MPEG 理論と実践，NTT 出版（2003）

6 ）原田益水：新ディジタル映像技術のすべて，電波新聞社（2001）

7 ）立川敬二 ほか：パーソナル通信のすべて，NTT 出版（1995）

8 ）電子情報通信学会 編：エンサイクロペディア電子情報通信ハンドブック，オーム社（1998）

9 ）井上伸雄：通信の最新常識，日本実業出版社（1999）

10）守谷健弘：音声符号化，電子情報通信学会（1998）

11）藤原洋 編：マルチメディア情報圧縮，共立出版（2000）

12）K. R. Rao and P. Yip（安田浩，藤原洋 訳）：画像符号化技術-DCT とその国際標準，オーム社（1992）

13）日本音響学会 編，北脇信彦 編著：音のコミュニケーション工学，音響テクノロジーシリーズ 1，コロナ社（1996）

14）守谷健弘：音声音響信号の符号化手法，日本音響学会誌，**57**，9，p. 604（2001）

15）立川敬二 監修：W-CDMA 移動通信方式，丸善（2001）

16）山田宰 編著：ディジタル放送の技術とサービス，高度映像技術シリーズ 2，コロナ社（2001）

17）藤原洋 監修：画像&音声圧縮技術のすべて，TECHI，4，CQ 出版社（2000）

18）大島篤 ：パソコン解体新書，Vol.4，ソフトバンクパブリッシング（2000）

19）最新撮像素子で銀塩をとらえたディジタル・カメラ，日経バイト，2002 年 5 月号，p. 100，日経 BP 社（2002）

20）永田信一：図解レンズがわかる本，日本実業出版社（2002）

21）小倉敏布：写真レンズの基礎と発展，朝日ソノラマ（1995）

22）小滝邦宏：デジタルテレビ放送の概要，JAS Journal，**43**，10，p. 5（2003）

23）映像情報メディア学会 編，山田宰 編著：放送システム，映像情報メディア基幹技術シリーズ 4，コロナ社（2003）

24）近江克郎，小高正行：デジタルラジオ放送の技術概要と最新状況，JAS Journal，

43, 10, p.12（2003）

25) 映像情報メディア学会 編, 山田宰 監修：ディジタル放送ハンドブック, オーム社（2003）

26) 徳丸春樹, 横川文彦, 入江満：図解 DVD 読本, オーム社（2003）

27) 特集 次世代オーディオ, JAS Journal, **39**, 5（1999）

28) 映像情報メディア学会 編：総合マルチメディア選書 MPEG, オーム社（1996）

29) オレンジフォーラム 編：CD-R/RW オフィシャルガイドブック, エクシード・プレス, BNN（1999）

30) 守谷健弘 ほか：音声音響符号化技術の進展–線形予測分析の貢献, IEICE Fundamental Review, **10**, 4, pp. 246–256（2017）

31) 中嶋信生 ほか：携帯電話はなぜつながるのか 第2版, 第6章, 日経 BP（2012）

32) 堤公孝, 菊入圭：VoLTE のさらなる高音質化と音楽の活用を実現する 3GPP 恭順音声符号化方式 EVS, NTT DOCOMO テクニカル・ジャーナル, **22**, 4, pp. 6–13（2014）

33) 小川博司, 田中伸一：図解 ブルーレイディスク読本, オーム社（2006）

6 章

1) 椎尾一郎：ヒューマンコンピュータインタラクション入門, サイエンス社 (2010)

2) お茶の水大学理学部「ヒューマンインターフェイス」講義資料
https://narumi.me/lecture　（2024/08/08）

3) 舘暲ほか 監修：バーチャルリアリティ学, 日本バーチャルリアリティ学会 (2011)

4) 山高正烈 教授（愛知工科大学）提供

5) 情報通信研究機構（NICT）：B5G ホワイトペーパー,
https://beyond5g.nict.go.jp/index.html　（2024/08/08）

6) 東京大学池内研究室・大石研究室/ 株式会社アスカラボ 提供

あ と が き

-マルチメディアシステム技術と社会-

　マルチメディアシステムを「情報の種類にかかわりなく伝送，記録すること によりあらゆる種類の情報に対応するシステム」と位置づけるなら，代表的な 応用例とされるのはパソコン，オーディオ装置，テレビジョン-ビデオ装置を接 続，統合したホームエンタテインメントシステムである。インターネットとIP 化されたモバイル電話の包含によってこうしたシステムにおけるメディアはさ らに増加し，SNSの広がりにみるようにパーソナル化も著しい。

　一方，こうした個々の家庭またはオフィス向けのシステムを結合したさらに 大規模な情報システムもマルチメディアシステムとして注目すべきであろう。 目立つ例はディジタル処理化，パケット伝送化，分散処理化，光ファイバによ る高速伝送化が行われ，さらにはモバイル電話が主流となって150年来の姿を まったく変えてしまった電話システムである。

　電話システムがこのように変化を遂げたのは，単に技術が進歩したからでは なく，社会が進歩を要求したからにほかならない。

　情報通信システムのマルチメディア化，モバイル化，グローバル化は社会か ら要求され，これに適合する新システムが社会に受け入れられ，社会のインフ ラストラクチャとして発展を続けている。本書も含め，技術書は技術分野の記 述に閉じてしまうのが一般だが，エンジニアはこうした社会における技術の位 置づけにも関心を払うべきであろう。姜尚中らは社会のグローバル化をエコノ スケープ，メディアスケープ，テクノスケープ，ファイナンススケープ，イデ オスケープの五つの要素に分割してとらえるアパドゥライの提案を紹介してい

る [1]。この分類は本書の 1 章で述べたマルチ伝送メディア，マルチ表現メディア，マルチ報道メディアという分類をさらに大きく広げるものである。

　この観点に従えば，マルチメディアシステム技術はテクノスケープにおけるグローバル化の重要な要素であり，メディアスケープでのグローバル化をもたらすものと位置づけられよう。これがほかの要素にどう影響するか，それはプラスかマイナスか，エンジニアはつねに観察し，思考して技術の進路を判断すべきである。

　この 20 年の間，マルチメディアシステムではパーソナル化が大きく進展した。これを反映しインタラクション技術に関する 6 章を設けた。鷲田清一は，共生社会に関する論説のなかで，対話では，自分の意見を変えれば負けるディベートよりも，自分が変わらなければ意味がないダイアローグが大事であることを紹介している [2]。マルチメディアシステムのパーソナル化が進むなか，人間どうしのみならず，人間とそれを取り巻く情報環境でも相互に変わりあえるインタラクションがコミュニケーションの質を決める鍵となることを意味していると言えよう。その行く末もまた，エンジニアがつねに観察し，思考して技術の進路を判断すべきところであろう。

　謝辞　　内容が多岐にわたる本書を著すにあたり，前書『マルチメディア工学』も含め，多くの方から技術に関するご教示，ご助言をいただくとともに，図表のご提供と引用のご快諾をいただいた。また，本書をまとめるにあたっては，コロナ社にさまざまなご配慮とお世話をいただいた。これらすべての方々に篤くお礼申し上げたい。

---

[1]　姜 尚中，吉見俊哉：グローバル化の遠近法，岩波書店（2001）
[2]　鷲田清一：パラレルな知性，晶文社（2013）

索　　引

—— 著者略歴 ——

大賀 寿郎（おおが じゅろう）
1964年　電気通信大学通信機械工学科卒業
1964年　日本電信電話公社電気通信研究所勤務
　　　　（基礎研究部，宅内機器研究部）
1985年　工学博士（名古屋大学）
1985年　富士通株式会社勤務（宅内機器事業部）
1986年　株式会社富士通研究所勤務（通信宇宙
　　　　研究部門）
1993年　IEC（国際電気標準連合）TC100
　　　　"Audio, video and multimedia
　　　　systems and equipment" WG コン
　　　　ビナ（主査）
1999年　日本電子機械工業会マルチメディア
　　　　システム標準化委員会 委員長
2000年　芝浦工業大学教授
2008年　芝浦工業大学名誉教授

鈴木 陽一（すずき よういち）
1976年　東北大学工学部電気工学科卒業
1981年　東北大学大学院工学研究科博士課程
　　　　後期 3 年の課程修了（電気及通信工学
　　　　専攻），工学博士
1987年　東北大学大型計算機センター助教授
1999年　東北大学電気通信研究所教授
2005〜
2007年　日本音響学会会長
2017〜
2021年　情報通信研究機構（NICT）耐災害 ICT
　　　　研究センター長
2019年　東北大学名誉教授
2021年　NHK 放送文化賞
2021年　東北文化学園大学教授
　　　　現在に至る

マルチメディアシステム概論—**基礎技術から実用システム，VR・XR まで**—
Introduction to Multimedia System　　　　© Juro Ohga, Yôiti Suzuki 2024

2024 年 10 月 11 日　初版第 1 刷発行　　　　　　　　　　　　★

検印省略	著　者	大　賀　寿　郎
		鈴　木　陽　一
	発行者	株式会社　コロナ社
		代表者　牛来真也
	印刷所	三美印刷株式会社
	製本所	有限会社　愛千製本所

112−0011　東京都文京区千石 4−46−10
発 行 所　株式会社　コロナ社
CORONA PUBLISHING CO., LTD.
Tokyo Japan
振替 00140−8−14844・電話(03)3941−3131(代)
ホームページ　https://www.coronasha.co.jp

ISBN 978−4−339−02947−5　C3055　Printed in Japan　　　　（新宅）